读诗赏虫

——日诵一诗，日识一虫

• 崔建新 李国宏 陈 莹 编著 •

中国农业科学技术出版社

图书在版编目（CIP）数据

读诗赏虫：日诵一诗，日识一虫 / 崔建新，李国宏，陈莹编著. --北京：中国农业科学技术出版社，2024. 1
ISBN 978-7-5116-6424-2

Ⅰ. ①读… Ⅱ. ①崔… ②李… ③陈… Ⅲ. ①历书－中国－2024 Ⅳ. ①P195.2

中国国家版本馆CIP数据核字（2023）第170901号

责任编辑 姚 欢 褚 怡
责任校对 李向荣
责任印制 姜义伟 王思文

出 版 者 中国农业科学技术出版社
北京市中关村南大街12号 邮编：100081
电　　话 （010）82106631（编辑室） （010）82109702（发行部）
（010）82109709（读者服务部）
网　　址 https: // castp.caas.cn
经 销 者 各地新华书店
印 刷 者 北京尚唐印刷包装有限公司
开　　本 100 mm × 145 mm 1/64
印　　张 11.5
字　　数 400千字
版　　次 2024年1月第1版 2024年1月第1次印刷
定　　价 118.00元

如梦令·元旦

毛泽东

宁化、清流、归化，
路隘林深苔滑。
今日向何方，
直指武夷山下。
山下山下，
风展红旗如画。

波蚬蝶

学名：*Zemeros flegyas* Cramer，1780

分类地位：鳞翅目蚬蝶科

分布：华中以南中国大部；南亚、东南亚。

形态特征：翅展达35～40 mm。红褐色。触角超过前翅1/2，具许多淡色黄白环，末端黄白色。成虫翅面红褐色，脉纹浅色；翅目布满白点，各点内方深褐色，白点在亚缘线和中线位置排成列，中线列内外还有少量白点；前翅外缘略微波曲，后翅外缘在M_3脉端突出。翅反面淡色，斑纹清晰。

习性：幼虫寄主为紫金牛科植物。

题都城南庄

（唐） 崔护

去年今日此门中，
人面桃花相映红。
人面不知何处去，
桃花依旧笑春风。

黄基赤蜻

学名：*Sympetrum speciosum* Oguma，1915

分类地位：蜻蜓目蜻科

分布：中国河北、河南、广东、广西、四川、云南、台湾；东亚。

形态特征：成虫腹长约27 mm，后翅长约32 mm。前胸背板后叶直立，大，着生整齐的长毛。雄虫深红色，合胸侧面具2条宽黑纹，分别位于中胸前侧片和后胸前侧片；合胸脊灰褐色；翅基部有较大的红色至橙红色斑。雌虫由背侧至腹侧的色泽逐渐变化，由黄色至橙色，背侧略红，腹侧略黄；翅基部的色斑为金黄色；腹部各节背板后角黑褐色，腹面褐色；肛附器黄褐色，末端黑褐色。

习性：成虫发生期为6—9月，生活在山区溪流形成的水潭、湖泊等静水环境；稚虫水生。

登科后

（唐） 孟郊

昔日龌龊不足夸，
今朝放荡思无涯。
春风得意马蹄疾，
一日看尽长安花。

二纹柱萤叶甲

学名：*Gallerucida bifasciata* Motsuchulsky，1860

分类地位：鞘翅目叶甲科

分布：中国东北、华北、华东、华中、西南。

形态特征：体长7.0~8.5 mm，宽4.0~5.5 mm。体黑褐色至黑色，鞘翅黄、黄褐或橘红色，具黑斑。头顶微凹。触角性二型显著，雄虫长达鞘翅中部之后，4~10节呈锯齿状，雌虫触角短，末数节不呈锯齿状。前胸背板宽，侧缘弧形，盘区微隆，中部两侧浅凹，有显著刻点。小盾片黑色。鞘翅肩角显著，肩角内下方有1个点状斑；末端有1个近圆形斑；中部具2条不规则的横带；鞘翅有粗大刻点列，行距刻点细密。足粗壮，有棕色密毛。

习性：成虫、幼虫均取食荞麦、桃、酸模、蓼、大黄等植物叶片。

渡汉江

（唐） 宋之问

岭外音书绝，
经冬复历春。
近乡情更怯，
不敢问来人。

庐山珀蝽

学名：*Plautia lushanica* Yang，1934

分类地位：半翅目蝽科

分布：中国西北、华东、西南。

形态特征：雄虫11.2～11.7 mm，雌虫11.3～12.5 mm。体色较深暗，头及前胸背板前半常呈黄绿色或红褐色。头部刻点粗密、黑色。触角污绿色或污褐色，向端渐深成黑褐。前胸背板侧角明显，伸出较长，侧角尖端红色。

习性：不完全变态。以成虫越冬，4月下旬产卵。

塞下曲

（唐） 卢纶

月黑雁飞高，
单于夜遁逃。
欲将轻骑逐，
大雪满弓刀。

涂色游戏：

发挥你的想象，给美丽的翅膀涂上颜色吧！

稚子弄冰

（宋） 杨万里

稚子金盆脱晓冰，
彩丝穿取当银钲。
敲成玉磬穿林响，
忽作玻璃碎地声。

黄钩蛱蝶

学名：*Polygonia c-aureum* Linnaeus，1758

分类地位：鳞翅目蛱蝶科

分布：西北及西藏以外中国大部；东亚、东南亚。

形态特征：翅展46～55 mm。触角短于前翅长的1/2，复眼表面具毛。翅背面散布黑色斑纹，前翅中室内具3个黑斑，基部的最小；前后翅外缘锯齿状；前翅顶角截形，外缘中部有大型凹陷，后缘端半部凹入；后翅外缘中部M_3末端显著突出；后翅腹面中室端具1个金色的“L”形或“C”形的斑纹。背面橙黄色至黄褐色，腹面呈棕褐色。

习性：幼虫取食葎草叶片。

从军行

（唐） 王昌龄

青海长云暗雪山，
孤城遥望玉门关。
黄沙百战穿金甲，
不破楼兰终不还。

拼图游戏：

剪下藏在书中的24张局部图片（下图），
拼成一幅完整的图画吧！

静夜思

（唐） 李白

床前明月光，

疑是地上霜。

举头望明月，

低头思故乡。

黄柄壁泥蜂

学名：*Sceliphron madraspatanum*（Fabricius，1781）

分类地位：膜翅目泥蜂科

分布：中国宁夏、福建、广东、四川、贵州、云南；东亚、南亚、东南亚、欧洲。

形态特征：成虫体长13～18 mm，雌大雄小。体黑色具黄斑，黄色腹柄极细长，约等长于腹长。前胸背板后缘、中胸侧片、肩片黄色；前、中足股节端半部、胫节全部黄色；后足股节基部和胫节基半部、第1跗节中部黄色。额凹，具中脊。前胸背板和中胸盾片密被细横皱纹；小盾片具纵皱；并胸腹节具细密横皱，背区具“U”形脊。腹柄直；腹部背板具极细的纵纹。翅淡褐透明，翅脉淡褐色。

习性：成虫捕食直翅目若虫。

古朗月行（节选）

（唐） 李白

小时不识月，
呼作白玉盘。
又疑瑶台镜，
飞在青云端。

膝卷叶象

学名：*Apoderus geniculatus* Jekel，1860

分类地位：鞘翅目卷象科

分布：华北以南中国大部。

为什么膝卷叶象要把树叶卷成春卷的样子?

膝卷叶象的幼虫都是无足的，雌虫在产卵前都会仔细地挑选产卵的场所，确保后代可以健康成长。在产卵前雌虫先用头末端口器的上颚把植物叶片咬切一条细缝，直达叶片的主脉，大约有半个叶片大小，然后把咬断一半的叶片卷起来，并不断地分泌胶状物质把叶筒加固成短的圆柱形状，叶筒一头与完好的半个叶片相连，并封闭起来。雌虫在叶筒里面产1粒卵，然后爬出叶筒的另一头，再把出口封闭。等卵孵化后，就可以直接吃植物的叶片了，而且可以安全地躲在叶筒里面生活。

逢雪宿芙蓉山主人

（唐） 刘长卿

日暮苍山远，
天寒白屋贫。
柴门闻犬吠，
风雪夜归人。

王氏樗蚕蛾

学名：*Samia wangi* Naumann & Peigler，2001
分类地位：鳞翅目天蚕蛾科
分布：中国长江以南华南地区；东南亚。

模仿成天敌的天敌的王氏樗蚕蛾

王氏樗蚕蛾属于大型蛾类，体型大，也就更容易被天敌发现，那么它有什么防御措施呢？其成虫翅膀以黄褐色为主，前翅尖端钝圆状，加之有一个黑色的小眼斑，看起来就像一个活生生的蛇头，因此也有人喜欢将樗蚕蛾称作“蛇头蛾”（类似于乌桕大蚕蛾、冬青大蚕蛾等），据推测这种斑纹可以起到恐吓天敌的效果，从而保护自己，难怪它停栖时翅膀一直呈伸展状态。或许是王氏樗蚕蛾看到自己的天敌鸟类被蛇轻易攻击后，记住了蛇头这一形象，因此它在形成斑点的同时，经过一代代突变终于形成了现在蛇头的样子。

寻隐者不遇

（唐） 贾岛

松下问童子，
言师采药去。
只在此山中，
云深不知处。

黑斑丽沫蝉

学名：*Cosmoscarta dorsimacula*（Walker，1851）

分类地位：半翅目沫蝉科

分布：中国江苏、江西、四川、贵州、广东；印度、马来西亚。

形态特征：成虫体长15～17 mm。头部橘红色，颜面隆起。复眼黑褐色，单眼乳黄色。前胸背板橘红色，前缘有2个小黑斑，近后缘有两个圆形或略呈长方形的大黑点。前翅有7个黑斑，端部1/3密布网状翅室。后翅灰白色，翅脉黄至褐色。身体腹面橘红、中胸腹板黑色。各足橘红色，爪黑褐色。

习性：1年1代，以卵在寄主秆内过冬。成虫、若虫均可刺吸危害核桃、野葡萄及艾等寄主植物。

塞外杂咏

（清） 林则徐

天山万笏耸琼瑶，
导我西行伴寂寥。
我与山灵相对笑，
满头晴雪共难消。

叶足扇蟌

学名：*Platycnemis phyllopoda* Djakonov，1926

分类地位：蜻蜓目扇蟌科

分布：中国北京、天津、河北、山西、内蒙古、河南、山东、江苏。

形态特征：成虫体长30～37 mm。雄虫额黑褐色，唇基淡黄绿色，上唇淡灰绿色。合胸无白霜，中胸前侧片大部黑褐色，中部有淡黄绿色纵带，中胸后侧片黑褐色，后胸侧面淡绿色；翅透明，翅痣淡褐色，翅长约为腹长的2/3。足部黑褐色和灰白色，中后足胫节膨大成灰白扇状；腹部背面黑褐色，腹面淡黄绿色，各腹节之间有白色环斑。雌虫粉褐色，中后足扇状胫节粉白色。

习性：成虫在低海拔地区静水、湿地活动，稚虫水生。

登鹳雀楼

（唐） 王之涣

白日依山尽，
黄河入海流。
欲穷千里目，
更上一层楼。

西伯利亚绿象

学名：*Chlorophanus sibiricus* Gyllenhyl，1834

分类地位：鞘翅目象甲科

分布：中国黑龙江、吉林、辽宁、内蒙古、青海、宁夏、山西、陕西、甘肃、河南、安徽、四川；俄罗斯。

形态特征：成虫体长9.5～10.8 mm。体梭形，黑色，密被淡绿色鳞片。前胸两侧和鞘翅行间的鳞片黄色，前后贯通。喙短，长略大于宽，两侧平行，中隆线明显，延长到头顶。触角沟指向眼，柄节仅达眼的前缘，索节1短于索节2，3～7节长大于宽，触角长短于头和前胸的长度之和。

习性：成虫、幼虫取食杨、柳、桃、梨、苹果等多种植物叶片及嫩梢。

望庐山瀑布

（唐） 李白

日照香炉生紫烟，
遥看瀑布挂前川。
飞流直下三千尺，
疑是银河落九天。

拼图游戏：

剪下藏在书中的24张局部图片（下图），
拼成一幅完整的图画吧！

江雪

（唐） 柳宗元

千山鸟飞绝，
万径人踪灭。
孤舟蓑笠翁，
独钓寒江雪。

透顶单脉色蟌

学名：*Matrona basilaris* Selys，1853

分类地位：蜻蜓目色蟌科

分布：中国华北、华中、华东、华南、西南；东南亚。

透顶单脉色蟌是蜻蜓吗?

蟌，一般俗称“豆娘”，中国大概就有650个种类，大小各异，属于蜻蜓目束翅亚目昆虫，常见的蜻蜓一般指蜻蜓目的差翅亚目昆虫。两者最大的区别是：“豆娘”停歇时翅膀是收拢并竖立起来的，且“豆娘”的4个翅膀几乎一样大小，每个翅的基部1/3像细棍子；蜻蜓停歇时翅膀是打开平放的，且蜻蜓的2个后翅膀稍长并且比两个前翅膀宽，后翅的基部一半更是特别宽大。

梅花

（宋）　王安石

墙角数枝梅，

凌寒独自开。

遥知不是雪，

为有暗香来。

拼图游戏：

剪下藏在书中的24张局部图片（下图），

拼成一幅完整的图画吧！

寒夜

（宋） 杜耒

寒夜客来茶当酒，
竹炉汤沸火初红。
寻常一样窗前月，
才有梅花便不同。

椭圆腊龟甲

学名：*Laccoptera yunnanica* Spaeth，1914

分类地位：鞘翅目叶甲科

分布：中国河南、云南。

形态特征：体长7～7.5 mm，椭圆形，前胸背板略狭于鞘翅基部。体背粗糙，密被粗大刻点，鞘翅肩部最宽。前胸背板极扩展完全覆盖头部。

习性：成虫、幼虫均可取食植物叶片，寄主不详。

赠从弟（其二）

（东汉） 刘桢

亭亭山上松，瑟瑟谷中风。
风声一何盛，松枝一何劲！
冰霜正惨凄，终岁常端正。
岂不罹凝寒？松柏有本性。

棉大卷叶野螟

学名：*Haritalodes derogata*（Fabricius，1775）

分类地位：鳞翅目草螟科

分布：中国华北以南；朝鲜、日本、东南亚、非洲、南美洲。

形态特征：翅展22～34 mm。胸部及腹部基部具黑斑。腹部各节具褐色至黑色横带；前后翅内、外横线、亚缘线褐色，波纹状；缘线黑褐色，弧形弯曲。前翅中室内和外侧具“OR”形黑褐色环形纹。

习性：幼虫卷叶危害棉、木槿、蜀葵等植物。

卖炭翁

（唐） 白居易

卖炭翁，伐薪烧炭南山中。
满面尘灰烟火色，两鬓苍苍十指黑。
卖炭得钱何所营？身上衣裳口中食。
可怜身上衣正单，心忧炭贱愿天寒。
夜来城外一尺雪，晓驾炭车辗冰辙。
牛困人饥日已高，市南门外泥中歇。
翩翩两骑来是谁？黄衣使者白衫儿。
手把文书口称敕，回车叱牛牵向北。
一车炭，千余斤，宫使驱将惜不得。
半匹红绡一丈绫，系向牛头充炭直。

菜蝽

学名：*Eurydema dominulus*（Scopoli，1763）

分类地位：半翅目蝽科

分布：中国除西藏和新疆外，均有分布。

菜蝽也臭么?

蝽通常称作“臭板虫”，在虫体下面后足和中足之间，左右两侧各有1个臭腺，臭腺分泌的挥发性的臭味物质顺着一个沟槽，扩散到“蒸发域”的地方，就迅速挥发了，所以就有了臭味。菜蝽胸部下方也有臭腺。菜蝽可以危害白菜、甘蓝、紫甘蓝、青花菜、花椰菜、樱桃萝卜、白萝卜、油菜等，刺吸嫩茎、嫩叶、花蕾、幼荚等。

北风行

（明） 刘基

城外萧萧北风起，
城上健儿吹落耳。
将军玉帐貂鼠衣，
手持酒杯看雪飞。

涂色游戏：

发挥你的想象，给美丽的翅膀涂上颜色吧！

春日

（南宋）　朱熹

胜日寻芳泗水滨，
无边光景一时新。
等闲识得东风面，
万紫千红总是春。

拼图游戏：

剪下藏在书中的24张局部图片（下图），

拼成一幅完整的图画吧！

滁州西涧

（唐） 韦应物

独怜幽草涧边生，
上有黄鹂深树鸣。
春潮带雨晚来急，
野渡无人舟自横。

云斑白条天牛

学名：*Batocera horsfieldi*（Hope，1839）

分类地位：鞘翅目天牛科

分布：西北以外中国大部；东亚、东南亚。

云斑白条天牛的幼虫为什么要从树洞里向外排粪？

云斑白条天牛是中国常见天牛中最大的一种。天牛幼虫的蛀道特别干净，每日的排粪都被及时清理，推到排粪孔并排出树干，在排粪孔附近会残留一些粪便，防止敌害侵入。在幼虫老熟阶段食量很大，每日的排粪量也很大。到第2年的8月幼虫老熟后化蛹，1个月后再次蜕皮变为成虫。云斑白条天牛新羽化的成虫在当年秋季和冬季停留在树干内部，越冬完成后，在第3年4—5月羽化完成，爬出羽化孔，开始繁殖新的一代。

示儿

（宋） 陆游

死去元知万事空，
但悲不见九州同。
王师北定中原日，
家祭无忘告乃翁。

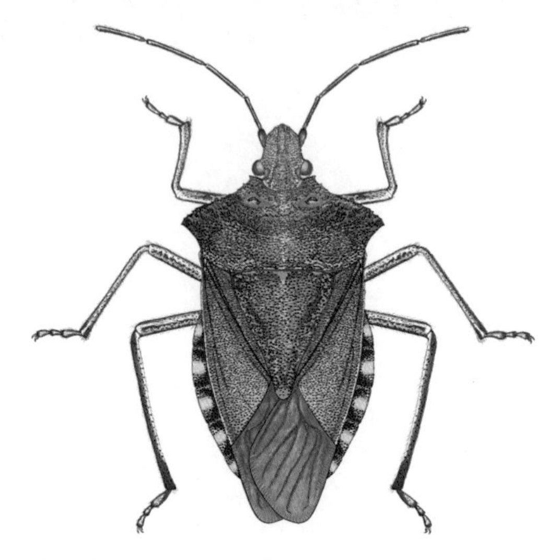

金绿真蝽

学名：*Pentatoma metallifera*（Motshulsky，1860）

分类地位：半翅目蝽科

分布：中国河南、河北、北京、陕西、黑龙江、吉林、辽宁、内蒙古。

金绿真蝽是怎么繁衍的呢?

冬天，气温下降，金绿真蝽以成虫在树皮缝及枯叶下越冬。越冬结束后，成虫开始活动，吸食早春植物的汁液，然后雌雄交配。交配后的雌虫产卵历期较长，产卵1次后，再补充营养，还可继续产卵1～2次。一般首次产卵在6月中旬。卵成块产于叶面，幼虫大约1周左右孵化，天气冷时，可延长数天。7—9月，若虫逐渐长大，成虫和若虫危害榆树嫩枝及叶片。金绿真蝽是不完全变态昆虫，没有蛹期。

夜宿山寺

（唐） 李白

危楼高百尺，
手可摘星辰。
不敢高声语，
恐惊天上人。

麦圆蜘蛛

学名：*Penthaleus major*（Dugès，1834）

分类地位：蛛形纲蜱螨目叶爪螨科

分布：中国华北、华中、华东。

形态特征：体长0.6～0.8 mm。椭圆形，腹背隆起，深红褐色。肛孔着生在腹部背面后方。4足长度接近，密生短刚毛，足端无黏毛。体背刚毛约21对，略呈6纵列；第2、3足跗节的密孔各有1根感觉毛。

习性：以雌螨或卵越冬，1年2～3代。刺吸危害小麦叶片，3月下旬至4月中旬危害最重。

三峡（节选）

（北魏） 郦道元

自三峡七百里中，两岸连山，略无阙处。重岩叠嶂，隐天蔽日，自非亭午夜分，不见曦月。

至于夏水襄陵，沿溯阻绝。或王命急宣，有时朝发白帝，暮到江陵，其间千二百里，虽乘奔御风，不以疾也。

菱斑食植瓢虫

学名：*Epilachna insignis* Gorham，1892

分类地位：鞘翅目瓢虫科

分布：中国华中、华北、华东、西南、广东、陕西。

形态特征：体长9.5～11 mm。体黄褐色，密布金黄色细毛。触角基部1节和末端3节膨大。前胸背板中央具1个扁条形黑斑；鞘翅整体呈心形，背面明显隆起，每个鞘翅具7个黑斑。雌虫第6腹板分裂。跗节末端具2个爪，爪末端分裂，基部无齿。

习性：取食茄、瓜、叶类蔬菜、林木、龙葵等植物的叶片。

三峡（节选）

（北魏） 郦道元

春冬之时，则素湍绿潭，回清倒影。绝巘多生怪柏，悬泉瀑布，飞漱其间，清荣峻茂，良多趣味。

每至晴初霜旦，林寒涧肃，常有高猿长啸，属引凄异，空谷传响，哀转久绝。故渔者歌曰："巴东三峡巫峡长，猿鸣三声泪沾裳。"

二点小粉天牛

学名：*Microlenecamptus obsoletus*（Fairmere，1888）

分类地位：鞘翅目天牛科

分布：中国山东、河北、江苏、台湾、福建。

形态特征：体长7～12 mm，狭长，黑色，密被灰白粉毛。额长宽近于相等，中央的纵沟直达头顶后缘。头顶后缘中央及两侧各具1黑色斑纹。触角细长，明显长于体，第3节明显长于其余各节。前胸背板圆筒形，长略大于宽，中央具1个长形黑斑。小盾片半圆形。鞘翅狭长，翅端部略膨阔，端缘圆弧。翅肩角处有1个长形黑斑，翅面中央有1个圆形小黑斑。体腹面及足均布白色短毛。

习性：幼虫蛀干危害构树。

司马光

选自《宋史·司马光传》

群儿戏于庭，一儿登瓮，足跌没水中，众皆弃去，光持石击瓮破之，水迸，儿得活。

粤豹天蚕蛾

学名：*Loepa kuangtungensis* Mell，1938

分类地位：鳞翅目天蚕蛾科

分布：中国西南、华中、华南。

形态特征：翅展70～90 mm，体黄色。触角双栉状，喙退化，无单眼。前翅顶角钝圆，顶角内侧有黑斑，黑斑前侧连1条红色窄斑，不达前缘。前翅外线呈强烈的波浪状，前缘黄褐色，前后翅都有多组紫红色波浪状线条。前翅中室端有1个椭圆形斑，紫褐色，与前翅前缘的棕褐色线贯通且斑内又套有小斑。前翅亚外缘双行黑色，波浪形，缘线乳白色。后翅与前翅斑纹近似。各足红褐色。

习性：幼虫寄主多为芸香科植物。

守株待兔

选自《韩非子·五蠹》

宋人有耕者。田中有株。

兔走触株，折颈而死。

因释其耒而守株，冀复得兔。

兔不可复得，而身为宋国笑。

拼图游戏：

剪下藏在书中的24张局部图片（下图），
拼成一幅完整的图画吧！

出塞

（唐） 王昌龄

秦时明月汉时关，
万里长征人未还。
但使龙城飞将在，
不教胡马度阴山。

中华马蜂

学名：*Polistes chinensis*（Fabricius，1793）

分类地位：膜翅目胡蜂科

分布：中国华北、华中、华南、华东；日本、法国。

为什么中华马蜂受到人为惊扰后会发动集群攻击?

中华马蜂蜂巢受到人类或其他动物侵扰后，蜂巢中的工蜂（不负责生育的雌蜂）会直接发动攻击，蜇刺敌人，同时受蜇部位有残留的报警激素给其他马蜂导航，继续发动攻击。中华马蜂是半社会性的昆虫，越冬后的雌虫找到合适的做巢场所后，会采集木屑，咬碎后并分泌黏性蛋白，制作马蜂蜂巢。蜂巢最大时，会有10多层，超过2个篮球大小。

精卫填海

选自《山海经·北山经》

炎帝之少女，名曰女娃。女娃游于东海，溺而不返，故为精卫，常衔西山之木石，以堙于东海。

悦鸣草螽若虫

学名：*Conocephalus melaenus*（Haan，1843）

分类地位：直翅目螽斯科

分布：中国华中、华南、西南、华东；日本、东南亚。

形态特征：初龄若虫体黑色，头、胸、腹部前方鲜红色，随蜕皮次数增加，腹部、胸部逐渐变成红褐色至紫褐色。末龄若虫触角黑色，极长，超过体长3倍以上；胸部、腹部背面红褐色，侧面和腹面鲜红色；各足黑色，后足股节基部极度膨大，近端部1/3处具1个黄白色环斑。后足跗节红褐色。

习性：1年1代，以卵越冬。成虫、若虫取食危害芒草等禾本科植物。

墨梅

（元） 王冕

我家洗砚池头树，
朵朵花开淡墨痕。
不要人夸好颜色，
只留清气满乾坤。

葡萄切叶野螟

学名：*Herpetogramma*（*Psara*）*luctuosalis*（Guenee，1854）

分类地位：鳞翅目草螟科

分布：中国西南、东北、西北、华东、华南、台湾。

形态特征：翅展22～30 mm。头灰黑色，两侧有白色条纹。雄性触角基部弯曲，内侧有凹痕，基节内侧有1个锥状尖突及1个束状长鳞突。胸、腹部背面棕褐色，腹面白色。前足胫节有褐色环斑。

习性：成虫6—9月出现。幼虫危害葡萄、芥末。

凉州词

（唐） 王之涣

黄河远上白云间，
一片孤城万仞山。
羌笛何须怨杨柳，
春风不度玉门关。

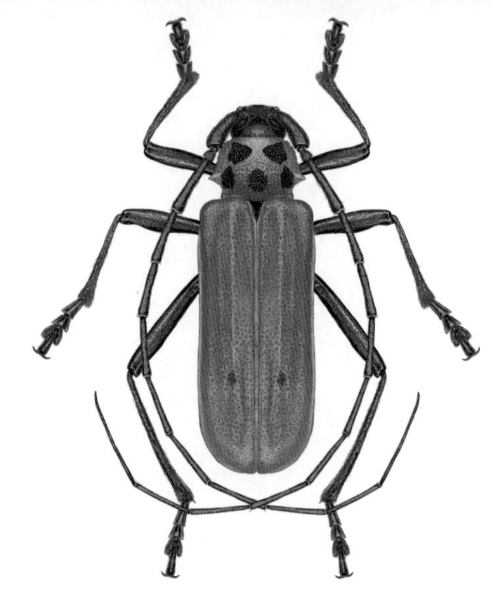

竹红紫天牛

学名：*Purpuricenus temminckii*（Guérin-Méneville，1844）

分类地位：鞘翅目天牛科

分布：华北以南中国大部；朝鲜、日本、老挝。

形态特征：体长11.5～18 mm。前胸背板及鞘翅朱红色，头、触角、足及小盾片黑色。头短，雌虫触角与体长接近，雄虫为体长的1.5倍。前胸背板有5个黑斑，侧缘具瘤状侧刺突。鞘翅两侧缘平行，胸部和翅面密布刻点。

习性：华中1年1代，以成虫在竹材中越冬。成虫翌年4月中旬外出产卵，幼虫孵化后蛀入竹内危害，寄主为毛竹等竹类植物。

独坐敬亭山

（唐） 李白

众鸟高飞尽，
孤云独去闲。
相看两不厌，
只有敬亭山。

甜菜夜蛾

学名：*Spodoptera exigua*（Hübner，1808）

分类地位：鳞翅目夜蛾科

分布：中国华中、华北、华东、西南；日本、东南亚、西亚、欧洲、大洋洲。

形态特征：成虫体长10～14 mm，翅展19～29 mm；体、翅灰褐色，前翅近前缘中部具1环纹，圆形，粉黄色，有黑边；其外侧有1个肾纹，粉黄色，中央褐色，有黑边。

习性：幼虫取食多种经济植物的叶片，造成严重减产。成虫具趋光性。

采薇（节选）

选自《诗经·小雅》

昔我往矣，
杨柳依依。
今我来思，
雨雪霏霏。

涂色游戏：

发挥你的想象，给美丽的翅膀涂上颜色吧！

忆江南（其一）

（唐） 白居易

江南好，风景旧曾谙。日出江花红胜火，春来江水绿如蓝。能不忆江南？

拼图游戏：

剪下藏在书中的24张局部图片（下图），
拼成一幅完整的图画吧！

咏柳

（唐） 贺知章

碧玉妆成一树高，

万条垂下绿丝绦。

不知细叶谁裁出，

二月春风似剪刀。

红尺夜蛾

学名：*Dierna timandra* Alpheraky，1897

分类地位：鳞翅目夜蛾科

分布：中国东北、华东、华中、华南；朝鲜、日本、俄罗斯。

形态特征：体长9～10 mm，翅展25～27 mm；头部白色带桃红色，下唇须前伸，灰黄色；胸部桃红色；前翅桃红色，布有黑色细点，前缘区外半灰黄色，内横线黄褐色双线，基侧色淡，外侧色深；顶角至后缘有1条灰黄色斜带，双色，外侧色淡，内侧色深。

习性：成虫夜间活动，有趋光性。

绝句二首（其一）

（唐） 杜甫

迟日江山丽，

春风花草香。

泥融飞燕子，

沙暖睡鸳鸯。

腹伪叶甲

学名：*Lagria ventralis* Reitter，1880

分类地位：鞘翅目伪叶甲科

分布：中国河南、四川、云南；东南亚。

形态特征：体长14～16 mm。成虫有较强的光泽，亮黑色。体表密被长的白色绒毛。触角约为体长之半。鞘翅密被粗糙大刻点。

习性：栖息于灌木丛，生物学基础薄弱。

绝句四首（其三）

（唐） 杜甫

两个黄鹂鸣翠柳，
一行白鹭上青天。
窗含西岭千秋雪，
门泊东吴万里船。

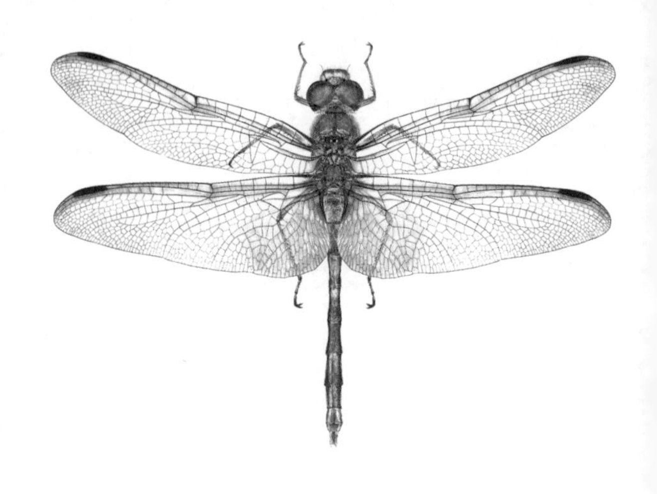

半黄赤蜻

学名：*Sympetrum croceolum*（Selys，1883）

分类地位：蜻蜓目蜻科

分布：西北以外的中国大部；朝鲜、日本。

形态特征：体态纤细。在蜻蜓中属中等体型。身体黄色至红褐色；胸部密布细毛；前胸背板后叶直立，大，着生整齐的长毛。翅透明，前后翅前缘具条形金黄色带，后翅基部具金黄色斑块，端部几乎达翅结。

习性：稚虫生活在水中，蜕皮后羽化为成虫。在静流水域交配产卵。

泊船瓜洲

（宋） 王安石

京口瓜洲一水间，
钟山只隔数重山。
春风又绿江南岸，
明月何时照我还。

眼纹疏广蜡蝉

学名：*Euricania ocella*（Walker，1851）

分类地位：半翅目广翅蜡蝉科

分布：华北以南中国大部；日本、缅甸、越南、印度、孟加拉国。

形态特征：前翅大部透明无色，周缘为褐色宽带封闭，在爪片末端最窄；前缘中部和外1/4处各有1个黄褐色四边形斑纹将前缘褐色宽带分成3段；前翅近基部中央有1个褐色小斑；中横带栗褐色，"V"形弯折，凸向翅基，前端外方有1个大型褐色环斑，翅面中心总体似1个眼斑；外横线细而直。后翅无色透明，翅脉褐色，外缘和后缘有褐色宽带。

习性：1年1代，以卵在植物组织内越冬。成虫、若虫均可刺吸危害苦秋枫、苦楝、月季、柑橘、油桐等树种。

除夕与家人饮

（宋） 梅尧臣

莫嫌寒漏尽，春色来应早。
风开玉砌梅，薰歇金炉草。
稚齿喜成人，白头嗟更老。
年华个里催，清镜宁长好。

幻带黄毒蛾

学名：*Euproctis varians*（Walker，1855）

分类地位：鳞翅目毒蛾科

分布：中国华北、华中、华南、西南；马来西亚、印度。

形态特征：翅展19~31 mm。淡黄褐色。前翅中横线和外横线黄白色，中部向外凸，两线间底色略深于其他翅面底色；后翅浅黄色。

习性：寄主有油茶、茶、柑橘等植物。

元日

（宋） 王安石

爆竹声中一岁除，
春风送暖入屠苏。
千门万户曈曈日，
总把新桃换旧符。

麻皮蝽

学名：*Erthesina fullo*（Thunberg，1783）

分类地位：半翅目蝽科

分布：中国华北、东北、华中、华南、西南等地区。

形态特征：体长20～25 mm，宽10～11 mm。体黑褐色，密布黑色刻点及细碎不规则黄斑。触角5节，黑色，第1节短而粗大。头部前端至小盾片有1条黄色细中纵线。前胸背板前缘及前侧缘有黄色窄边。

习性：寄主有苹果、李、山楂、板栗、龙眼、柑橘、杨、榆等植物。

自菩提步月归广化寺

（宋） 欧阳修

春岩瀑泉响，

夜久山已寂。

明月净松林，

千峰同一色。

拼图游戏：

剪下藏在书中的24张局部图片（下图），
拼成一幅完整的图画吧！

早春呈水部张十八员外二首（其一）

（唐） 韩愈

天街小雨润如酥，
草色遥看近却无。
最是一年春好处，
绝胜烟柳满皇都。

酢浆灰蝶

学名：*Pseudozizeeria maha*（Kollar，1848）

分类地位：鳞翅目灰蝶科

分布：中国华北地区广泛分布。

蝴蝶为什么必须自己蜕出蛹壳？

平原琉璃灰蝶翅正面蓝灰色，翅反面白色，有黑斑。雌雄蝶在前后翅正面的斑纹有很大的差异，雄蝶在前后翅有窄的黑边，而雌蝶的黑色外缘很宽。它是蝴蝶中的小型蝴蝶，取食花粉、花蜜、植物汁液。蝴蝶在自然界正常羽化时，它会从一个很小的羽化孔中奋力向外挤，这个过程不仅会挤掉体内多余的水分，也会使翅膀得到充分伸展。如果人为用剪刀在蛹壳中剪一个小口，虽然蝴蝶会轻松地破茧而出，但有可能飞不起来或中途坠落地面。

定风波

（宋）苏轼

三月七日，沙湖道中遇雨，雨具先去，同行皆狼狈，余独不觉。已而遂晴，故作此词。

莫听穿林打叶声，何妨吟啸且徐行。竹杖芒鞋轻胜马，谁怕？一蓑烟雨任平生。

料峭春风吹酒醒，微冷，山头斜照却相迎。回首向来萧瑟处，归去，也无风雨也无晴。

柿星尺蛾

学名：*Percnia giraffata*（Guenée，1857）

分类地位：鳞翅目尺蛾科

分布：中国华北、河南、四川、安徽、台湾。

形态特征：雌蛾体长约25 mm，翅展约75 mm。雄蛾体较小。头部黄色，胸背黄白色，有4个小黑斑，前、后翅均白色，且密布黑褐色斑点。触角丝状。前胸背板黄色，有1近方形黑色斑纹。腹部金黄色，有黑色横纹，中央间断。

习性：1年2代，蛹在土壤中越冬。寄主有柿、苹果、梨、核桃、杏、山楂、杨、柳、桑等。

相思

（唐） 王维

红豆生南国，

春来发几枝。

愿君多采撷，

此物最相思。

纹须同缘蝽

学名：*Homoeoceres striicornis* Scott，1874

分类地位：半翅目缘蝽科

分布：中国华北、华中、华南、西南等地区。

形态特征：体长18～21 mm，宽5～6 mm；身体草绿或黄褐色；触角红褐色，末节基部黄褐色，复眼黑色，单眼红色；前胸背板侧角为锐角。小盾片草绿或棕褐色；前翅革片烟褐色，膜片烟黑色，透明。

习性：主要危害柑橘、合欢、紫荆、玉米、高粱、茄科及豆科植物。

竹枝词二首（其一）

（唐） 刘禹锡

杨柳青青江水平，
闻郎江上唱歌声。
东边日出西边雨，
道是无晴还有晴。

黄翅叶野螟

学名：*Botyodes diniasalis*（Walker，1859）

分类地位：鳞翅目草螟科

分布：西北地区和西藏以外的中国大部；东南亚。

形态特征：成虫翅展翅展28～32 mm。体橘黄色。前翅黄色，中线和外线断续，波纹状，棕褐色；中室端部有1肾状褐斑，内有1条微弯细白纹。前翅外缘除顶角外棕褐色。后翅中线、外线的粗细形状与前翅相同，并与前翅自然接续。后翅外缘色略暗。

习性：寄主植物为杨、柳等。

别董大

（唐） 高适

千里黄云白日曛，
北风吹雁雪纷纷。
莫愁前路无知己，
天下谁人不识君。

弯角蝽

学名：*Lelia decempunctata*（Motschulsky，1859）

分类地位：半翅目蝽科

分布：西北除外的全国大部；日本、俄罗斯远东地区。

弯角蝽的卵上为什么有个盖子?

弯角蝽是蝽科昆虫，这类昆虫属于不完全变态类的昆虫，其幼虫也叫若虫，就是和成虫生活习性相似的意思。它的若虫也是刺吸式的嘴巴（昆虫叫口器）。蝽科昆虫雌虫产下的卵形状像鼓，一般都是一次产一个卵块，每个卵的上面都有1个卵盖。卵盖和卵体的接缝特别薄，等到卵成熟了，里面的小若虫利用像铲子一样的“破卵器”往上一顶，就把卵盖顶开，小若虫就孵化出来了。而一般情况下，昆虫的幼虫（若虫）都是用上颚咬破卵壳才孵化出来的。

客至

（唐） 杜甫

舍南舍北皆春水，但见群鸥日日来。
花径不曾缘客扫，蓬门今始为君开。
盘飧市远无兼味，樽酒家贫只旧醅。
肯与邻翁相对饮，隔篱呼取尽余杯。

豆荚野螟

学名：*Maruca vitrata*（Fabricius，1787）

分类地位：鳞翅目草螟科

分布：中国华北、华东、华中、华南、西南。

形态特征：体长10～16 mm，翅展24～26 mm。额黑褐色，两侧有白线条。下唇须基部及第2节下侧白色，其他黑褐色。触角细长，基部白色。胸腹部背面茶褐色。翅暗褐色，有紫色闪光，前翅中室端有1个白色透明带状斑，内有1个透明斑；后翅白色，外缘有1/3面积色泽同前翅。

习性：危害多种豆类作物。

蜂

（唐） 罗隐

不论平地与山尖，
无限风光尽被占。
采得百花成蜜后，
为谁辛苦为谁甜。

刺角天牛

学名：*Trirachys orientalis*（Hope，1841）

分类地位：鞘翅目天牛科

分布：中国华北、华中、华东、华南、四川。

刺角天牛是如何度过一年四季的?

刺角天牛在白天为了躲避天敌，就藏在树洞、羽化孔及树皮的大裂缝处。夜晚，刺角天牛在树干上进行交配和产卵。每头雌虫可产卵42~259粒，平均100~200粒。幼虫发育历期 10个月左右，老熟幼虫在虫道中隐蔽起来，还会用细木屑把出口堵住，并在这个封闭的环境内化蛹。蛹期20余天。也有各种原因发育推迟的，9—10月天气变凉时，部分成虫从蛹内羽化后，为补充营养或卵期发育条件不佳，它们不会立即从洞内出来，等过了寒冬，天气回暖，翌年5—6月才爬出树洞。

春夜喜雨

（唐） 杜甫

好雨知时节，当春乃发生。
随风潜入夜，润物细无声。
野径云俱黑，江船火独明。
晓看红湿处，花重锦官城。

涂色游戏：

发挥你的想象，给美丽的翅膀涂上颜色吧！

风

（唐） 李峤

解落三秋叶，
能开二月花。
过江千尺浪，
入竹万竿斜。

碧蛾蜡蝉

学名：*Geisha distinctissima*（Walker，1858）

分类地位：半翅目蛾蜡蝉科

分布：中国东北、华北、华中、华东；东亚、东南亚、南亚、澳大利亚。

形态特征：成虫体长7 mm左右，翅展21 mm左右，全体黄绿色。头小，复眼乳白色至黑褐色，单眼黄色，前胸、中胸背板各有2条淡黄褐色纵带，腹部淡黄褐色，表面覆有白粉。前翅极宽大，周缘围有1圈赤褐色带，边缘模糊；脉纹黄色，后翅灰白色，脉纹乱网状，淡黄褐色。

习性：以卵在植物组织内越冬，成虫、若虫均可刺吸危害枫香、樟、榆、茶、柑橘、桃、梅、梨等植物，其排泄物易引发霉污病。

己亥杂诗（其一百二十五）

（清） 龚自珍

九州生气恃风雷，

万马齐喑究可哀。

我劝天公重抖擞，

不拘一格降人才。

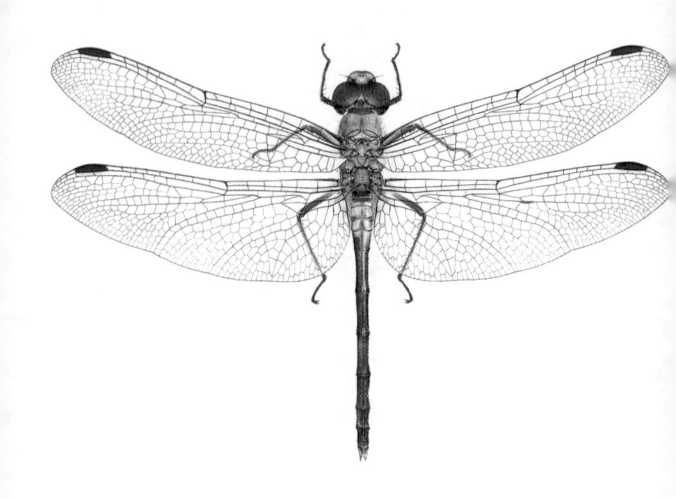

条斑赤蜻

学名：*Sympetrum striolatum*（Charpentier，1840）

分类地位：蜻蜓目蜻科

分布：中国河南、贵州、湖南、北京、东北、江苏等。

形态特征：成虫体长45～48 mm。前胸背板后叶直立，大，着生整齐的长毛。前、后翅前缘及翅端具淡黄色斑，后翅基部亦具淡黄色斑块，不超过肘臀横脉。雄性主色调红色，翅痣褐色，足外缘黄褐色，与普通赤蜻极为相似；雌性有两种色型，红色和褐色。

习性：稚虫7月羽化，飞行期很长，9月大量出现，一直到11月初都有交尾产卵。后期产的卵翌年孵化，卵期1个月左右。

观书有感二首（其一）

（南宋） 朱熹

半亩方塘一鉴开，
天光云影共徘徊。
问渠那得清如许？
为有源头活水来。

紫歧角螟

学名：*Endotricha punicea* Whalley，1963

分类地位：鳞翅目螟蛾科

分布：中国华北、华中、华南、西藏。

形态特征：翅展13～17 mm。额红褐色，头顶淡褐色且杂粉红色；下唇须超过头顶，第2/3节基半部红褐色，端半部金黄色。触角黄褐色。领片金黄色；翅基片粉红色且杂以黄色。前翅基部紫红色，中部有1条黄色宽横带，端侧1/3紫红色。前翅前缘具数个淡斑，以近端部1个最大。缘线黑色。后翅紫红色，缘线亦黑色。

习性：华北林区成虫7—8月灯下可见。

雪梅

（宋） 卢钺

梅雪争春未肯降，
骚人阁笔费评章。
梅须逊雪三分白，
雪却输梅一段香。

黄斑直缘跳甲

学名：*Ophrida xanthospilota*（Baly，1881）

分类地位：鞘翅目叶甲科

分布：中国河南、河北、山东、湖北、四川。

形态特征：成虫体长6~7 mm。棕黄色至棕红色，鞘翅布满小的黄白色斑点。复眼黑褐色；触角黄褐色，末2节黑褐色，第1节最长，第2节最短。前胸背板四周有边框，横方，宽度约为长度的2倍，中部为隆起。鞘翅略宽于前胸背板，两侧近平行，翅肩稍突出。各足棕红色。爪双齿式。

习性：幼虫有背粪习性。成虫、幼虫均取食植物叶片，寄主主要为黄栌。

生查子·元夕

（宋）欧阳修

去年元夜时，花市灯如昼。

月上柳梢头，人约黄昏后。

今年元夜时，月与灯依旧。

不见去年人，泪湿春衫袖。

蓝边矛丽金龟

学名：*Callistethus plagiicollis*（Fairmaire，1886）

分类地位：鞘翅目丽金龟科

分布：辽宁以南的中国大部；俄罗斯、朝鲜。

形态特征：体棕黄色，椭圆形，背面隆起，光裸无毛，各足杂以金绿光泽。触角9节，鳃片部3节。上唇正常，前面观不为“T”形。前胸背板侧端有1条蓝紫斜带，后缘中段平直，不向前方内凹。鞘翅缘折于肩后不内弯，后胸后侧片及后足基节侧端不外露。臀板不被鞘翅完全覆盖。前足、中足的爪各有2个，一个分裂为2支，一个为单爪，不分裂。前足胫节内缘有1个距；后足1~4跗节下方无成列的棘刺。中足基节之间有1个腹突，前伸达前足基节之间。

习性：成虫咬食核桃、葡萄、野葡萄等。幼虫地下取食植物根系及腐殖质。

长相思

（清） 纳兰性德

山一程，水一程，身向榆关那畔行，夜深千帐灯。

风一更，雪一更，聒碎乡心梦不成，故园无此声。

拼图游戏：

剪下藏在书中的24张局部图片（下图），
拼成一幅完整的图画吧！

使至塞上

（唐） 王维

单车欲问边，属国过居延。
征蓬出汉塞，归雁入胡天。
大漠孤烟直，长河落日圆。
萧关逢候骑，都护在燕然。

丁香天蛾

学名：*Psilogramma increta*（Walker，1865）

分类地位：鳞翅目天蛾科

分布：西藏以外的中国大部；朝鲜、日本。

丁香天蛾是怎样取食的?

丁香天蛾体型较大，主要危害丁香、梧桐等。成虫的飞行能力强，夜间经常飞翔于花丛间取蜜，是世界上振翅最快的昆虫，仅仅一秒钟，翅膀就可振动1000余下。

它有一条卷曲成螺旋状的虹吸式喙，黄褐色，就像钟表的发条一样，取食时借肌肉与血液的压力伸直，吸食花蜜或液态食物。它一边拍打翅膀，悬停于花旁边，一边将喙伸向花内，这也是为了能在危险发生时，及时逃跑。

自相矛盾

选自《韩非子·难一》

楚人有鬻盾与矛者，誉之曰：“吾盾之坚，物莫能陷也。”又誉其矛曰：“吾矛之利，于物无不陷也。”或曰：“以子之矛，陷子之盾，何如？”其人弗能应也。夫不可陷之盾与无不陷之矛，不可同世而立。

槐尺蛾

学名：*Semiothisa cinerearia*（Bremer & Grey，1853）

分类地位：鳞翅目尺蛾科

分布：中国大部；日本、朝鲜。

形态特征：成虫体长12~17 mm。体翅灰褐色，具黑褐色斑块。前翅具3条横线，外线最显著，在其近前缘处断裂，裂前略呈倒置三角形；裂后有3列黑斑（外侧1列不完整），呈弧形延伸至后缘外侧1/5位置。后翅具2条横线，外线双线，后翅外缘锯齿状，Cu_1脉末端显著突出。

习性：1年发生3~4代，以蛹越冬。华北地区4—9月灯下可见成虫。幼虫严重危害国槐叶片，严重时全部吃光，有垂丝习性。

杨氏之子

选自《世说新语·言语》

梁国杨氏子九岁，甚聪惠。孔君平诣其父，父不在，乃呼儿出。为设果，果有杨梅。孔指以示儿曰：“此是君家果。”儿应声答曰：“未闻孔雀是夫子家禽。”

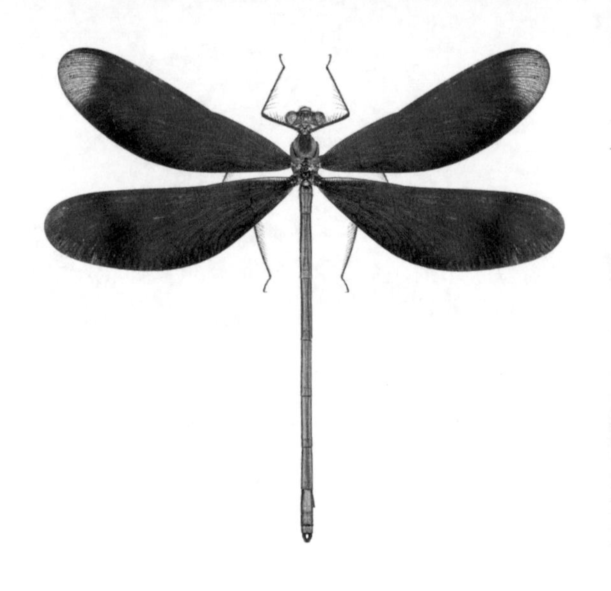

黑色蟌

学名：*Atrocalopteryx atrata* Selys，1853

分类地位：蜻蜓目色蟌科

分布：中国华中、华东、华北；日本。

形态特征：成虫体长约55 mm，体态纤细，体蓝绿色，具强烈的金属光泽。足黑色，具排列整齐的长刺；翅黑色，略显绿色，翅脉黑色或浅色，部分个体前翅端部色淡；腹部细长。背面有横皱，具强烈的金属光泽，腹部从背面看近蓝色，从侧面看呈绿色。

习性：成虫山间水滨活动，稚虫水栖。

望天门山

（唐） 李白

天门中断楚江开，
碧水东流至此回。
两岸青山相对出，
孤帆一片日边来。

金裳凤蝶

学名：*Troides aeacus*（Felder & Felder，1860）

分类地位：鳞翅目凤蝶科

分布：中国秦岭以南；印尼、缅甸、泰国、印度、尼泊尔。

形态特征：雌蝶翅展120～150 mm，雄蝶翅展100～130 mm。前翅黑色，有白色条纹；后翅金黄色和黑色交融的斑纹在阳光照射下金光灿灿，华贵美丽。随着光线角度的变化，还有青、绿、紫等颜色不断变幻，后翅无尾突，其外缘较平直。

习性：金裳凤蝶有着“最美蝴蝶”之称，是国家二级保护动物，清晨、黄昏飞喜食花蜜、花粉，飞行缓慢；幼虫寄主为马兜铃科植物。

村居

（清） 高鼎

草长莺飞二月天，
拂堤杨柳醉春烟。
儿童散学归来早，
忙趁东风放纸鸢。

斑翅草螽

学名：*Conocephalus maculatus*（Le Guillou，1841）

分类地位：直翅目螽斯科

分布：华北以南中国大部。

形态特征：成虫体长14～17 mm。虫体绿色或淡绿色。头顶向前突出，颜面后倾显著；触角细长，超过体翅长的1倍左右；头、胸背面及前翅端部有1条前深后淡的黑色宽纹。前翅褐色，远超过腹末。后足细长，股节基部肥大部分淡绿色，端半细瘦部分为浅褐色，胫节完全浅褐色。雌虫产卵器剑状，平直后伸，末端与翅尖几乎平齐，微微上翘。

习性：主要危害竹类、柿、梨、禾本科草坪、甘蔗等。

惠崇春江晚景

（宋） 苏轼

竹外桃花三两枝，
春江水暖鸭先知。
蒌蒿满地芦芽短，
正是河豚欲上时。

斑衣蜡蝉

学名：*Lycorma delicatula*（White，1845）

分类地位：半翅目蜡蝉科

分布：中国东北、华北、华东、西北、西南、华南以及台湾等地区。

形态特征：成虫体长15~25 mm，翅展40~50 mm；前翅革质，翅面具有20个左右的黑点；后翅膜质，基部鲜红色，具有黑点。体翅表面覆有白色蜡粉。头角向上卷起，呈短角突起状。触角鲜红色，末端毛状，极细。

习性：不完全变态。善跳跃；刺吸危害葡萄、苹果、桃、杏、李、花椒、臭椿、香椿、刺槐等植物。

清平乐·村居

（宋） 辛弃疾

茅檐低小，溪上青青草。
醉里吴音相媚好，白发谁家翁媪？
大儿锄豆溪东，中儿正织鸡笼。
最喜小儿亡赖，溪头卧剥莲蓬。

拼图游戏：

剪下藏在书中的24张局部图片（下图），
拼成一幅完整的图画吧！

送元二使安西

（唐） 王维

渭城朝雨浥轻尘，
客舍青青柳色新。
劝君更尽一杯酒，
西出阳关无故人。

中华负蝗（若虫）

学名：*Atractomorpha sinensis* Bolívar，1905

分类地位：直翅目锥头蝗科

分布：中国东北、华北、西北、华中、华南、西南、台湾。

蝗虫都是在土里产卵么?

中华负蝗和其他蝗虫一样，卵都是产在土中的。产卵的时节一般是秋末，在寒冬来临前，雌虫用像锥子一样的产卵器先在土中钻一个竖坑，同时分泌许多胶状蛋白，然后在胶状蛋白中逐层产卵，一般一个卵块有20～30粒卵，产完卵后，摆动腹部，用土小心遮盖，以防天敌发现。翌年5月以后，随着气温的升高，蝗蝻就从土中孵化出来了。

赠范晔诗

（北魏） 陆凯

折花逢驿使，
寄与陇头人。
江南无所有，
聊赠一枝春。

紫边姬尺蛾

学名：*Idaea nielseni*（Hedemann，1879）

分类地位：鳞翅目尺蛾科

分布：中国华北；日本，俄罗斯。

形态特征：成虫翅展10～12 mm；头顶及触角草黄色，前胸领片、腹部（除第1节和腹末2节外）紫红色，前翅草黄色，前缘具较细紫红色带，外缘具较宽紫红色带，翅缘草黄色，窄，前后翅中室具紫红点。本种河南种群前翅外缘宽带较北京种群细窄。

习性：华北7—8月灯下可见成虫。

卜算子·咏梅

毛泽东

风雨送春归，飞雪迎春到。
已是悬崖百丈冰，犹有花枝俏。
俏也不争春，只把春来报。
待到山花烂漫时，她在丛中笑。

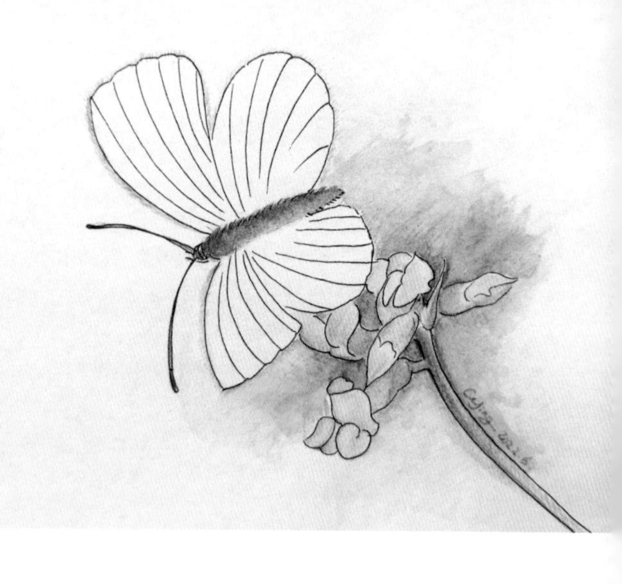

涂色游戏：

发挥你的想象，给美丽的翅膀涂上颜色吧！

绝句慢兴九首（其五）

（唐） 杜甫

肠断春江欲尽头，
杖藜徐步立芳洲。
颠狂柳絮随风舞，
轻薄桃花逐水流。

折无缰青尺蛾

学名：*Hemistola zimmermanni*（Hedemann，1879）

分类地位：鳞翅目尺蛾科

分布：中国东北、华北；朝鲜、俄罗斯。

形态特征：成虫前翅15~16 mm；体、翅翠绿色。触角双栉状，白色。前翅前缘黄白色，外线白色，细，与外缘平行；内线色略淡，近后缘具外突尖角。后翅外缘中部外突，中线在中部弧形弯曲。

习性：华北7—8月灯下可见成虫。

渔歌子

（唐） 张志和

西塞山前白鹭飞，
桃花流水鳜鱼肥。
青箬笠，绿蓑衣，
斜风细雨不须归。

两色髯须夜蛾

学名：*Hypena trigonalis*（Guenee，1854）

分类地位：鳞翅目夜蛾科

分布：中国华北、华中、华东；朝鲜、日本、印度等。

鉴别特征：前翅长17~18 mm。头部和胸部黑褐色；腹部黄褐色。前翅黑褐色，散布灰色细点；内线淡黄褐色，外线灰白色，波状，内外线之间形成三角形黑褐色区；顶角内侧偏下方有1个暗斑，形状不规则，下缘模糊；缘线为1列半月形灰白色短线状斑，外侧1列黑褐色短线状斑密接，分别与内侧的白色短细斑对应。后翅黄色，端部有1条黑色带。

习性：成虫7—8月灯下可见。

少年行四首（其一）

（唐） 王维

新丰美酒斗十千，
咸阳游侠多少年。
相逢意气为君饮，
系马高楼垂柳边。

斑须蝽

学名：*Dolycoris baccarum*（Linnaeus，1758）

分类地位：半翅目蝽科

分布：中国各地；中亚、朝鲜、日本、俄罗斯、印度、北美。

斑须蝽是怎么吃庄稼的?

头前面有一个空心针，平时藏在身体下面，吃庄稼时竖起来，刺进庄稼的嫩果、嫩穗，或嫩叶、嫩茎，吸庄稼的汁液。斑须蝽可以刺吸小麦穗、玉米穗，也可刺吸豆荚、桃、梨、苹果等。

岳阳楼记（节选）

（宋） 范仲淹

庆历四年春，滕子京谪守巴陵郡。越明年，政通人和，百废具兴，乃重修岳阳楼，增其旧制，刻唐贤今人诗赋于其上，属予作文以记之。

予观夫巴陵胜状，在洞庭一湖。衔远山，吞长江，浩浩汤汤，横无际涯，朝晖夕阴，气象万千，此则岳阳楼之大观也，前人之述备矣。然则北通巫峡，南极潇湘，迁客骚人，多会于此，览物之情，得无异乎？

拼图游戏：

剪下藏在书中的24张局部图片（下图），
拼成一幅完整的图画吧！

岳阳楼记（节选）

（宋） 范仲淹

若夫淫雨霏霏，连月不开，阴风怒号，浊浪排空，日星隐曜，山岳潜形，商旅不行，樯倾楫摧，薄暮冥冥，虎啸猿啼。登斯楼也，则有去国怀乡，忧谗畏讥，满目萧然，感极而悲者矣。

至若春和景明，波澜不惊，上下天光，一碧万顷，沙鸥翔集，锦鳞游泳，岸芷汀兰，郁郁青青。而或长烟一空，皓月千里，浮光跃金，静影沉璧，渔歌互答，此乐何极！登斯楼也，则有心旷神怡，宠辱偕忘，把酒临风，其喜洋洋者矣。

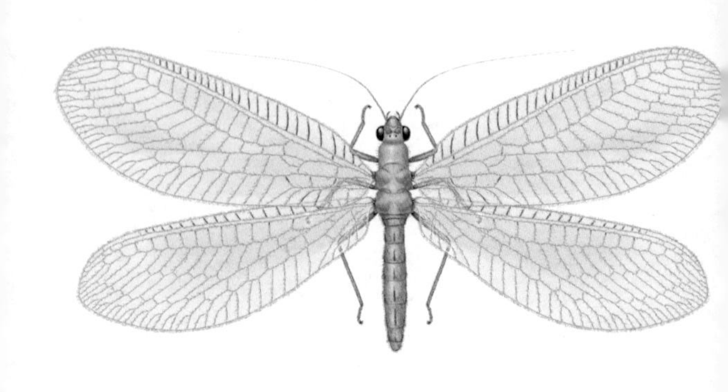

大草蛉

学名：*Chrysopa pallens*（Ramber，1838）

分类地位：脉翅目草蛉科

分布：中国广泛分布；朝鲜、日本、俄罗斯、欧洲。

大草蛉的卵为什么长在发丝一样的细丝上？

大草蛉雌虫会选择植物上蚜虫较多的地方产卵，产卵前先分泌丝蛋白在植物上，然后向上抬起腹部，丝蛋白遇空气后迅速硬化，在细丝的最末端，大草蛉雌虫会产1粒卵。这样卵就悬在空中，离蚜虫很远。蚜虫和蚂蚁一般都有共生关系，比如蚜虫会给蚂蚁产生蜜露，就像交保护费，蚂蚁会巡视蚜虫，防止敌人来抢夺自己的蜜库。蚜虫是吸食植物汁液后排出的水样的粪便，由于含有较多的甜味物质，所以一般称为蜜露。由于大草蛉的卵高悬在细丝上，蚂蚁无法攀爬上去进行破坏，就有更多存活的机会。

岳阳楼记（节选）

（宋） 范仲淹

嗟夫！予尝求古仁人之心，或异二者之为，何哉？不以物喜，不以己悲，居庙堂之高则忧其民，处江湖之远则忧其君。是进亦忧，退亦忧。然则何时而乐耶？其必曰“先天下之忧而忧，后天下之乐而乐”乎？噫！微斯人，吾谁与归？

时六年九月十五日。

斐豹蛱蝶

学名：*Argynnis hyperbius*（Linnaeus，1763）

分类地位：鳞翅目蛱蝶科

分布：中国大部；东亚、东南亚、澳大利亚。

形态特征：成虫翅展68～83 mm。体褐色至暗褐色。触角长度约为前翅的一半。雄蝶翅橙黄色，后翅外缘后半黑色具蓝白色细弧纹，翅面布满黑色斑点，前翅较大，后翅较小且线斑与圆斑数量接近；4条性标分别在M_3、Cu_1、Cu_2、A_2脉；雌蝶个体较大，前翅端半部紫黑色，其中有1条白色斜带，其余与雄蝶相似。后翅反面绿色，有长短不同的银色条纹。

习性：幼虫取食堇菜，成虫为常见访花种类。

春日偶成

（宋） 程颢

云淡风轻近午天，
傍花随柳过前川。
时人不识余心乐，
将谓偷闲学少年。

白太波纹蛾

学名：*Tethea albicostata*（Bremer，1861）

分类地位：鳞翅目钩蛾科

分布：中国东部大部；日本、朝鲜、俄罗斯。

形态特征：成虫翅展36~45 mm；前翅灰褐色至紫红色，前缘灰白色；内线外斜，中部向外弯曲；外线双线，内侧更显著；环纹和肾纹灰白色，外有黑边，其中肾纹下方有1个黑斑块。亚端线近前缘有1条较明显的向外渐尖的剑状纹；顶角中央有1个显著的黑色短线形斑，伸达前述剑纹基部附近。

习性：华北地区6—8月灯下可见成虫。

观书有感二首（其二）

（南宋） 朱熹

昨夜江边春水生，
蒙冲巨舰一毛轻。
向来枉费推移力，
此日中流自在行。

山高姬蝽

学名：*Gorpis brevilineatus*（Scott，1874）

分类地位：半翅目姬蝽科

分布：中国华北、西北、华中、华东、华南、西南。

形态特征：成虫体长9.5～10.5 mm。体狭长、黄褐色，被黄色毛。触角第2节端部浅褐色。前胸背板后叶密布小刻点。前翅革片浅黄褐色，各足股节端半部具2个模糊的浅褐色斑。

习性：不完全变态。常栖息于林区的树上，如麻栗、胡桃楸等；捕食蚜虫、飞虱、鳞翅目低龄幼虫及卵。

次北固山下

（唐） 王湾

客路青山外，行舟绿水前。
潮平两岸阔，风正一帆悬。
海日生残夜，江春入旧年。
乡书何处达？归雁洛阳边。

绕环夜蛾

学名：*Spirama helicina*（Hübner，1825）

分类地位：鳞翅目夜蛾科

分布：华北以南中国大部；朝鲜、日本、东南亚。

形态特征：成虫翅展60～70 mm。前翅底色棕褐色至暗褐色，各线黑褐色波纹状，肾状纹为1个近似阴阳鱼状眼斑；后翅底色同前翅。

习性：幼虫取食合欢叶片及嫩梢。

钱塘湖春行

（唐） 白居易

孤山寺北贾亭西，水面初平云脚低。
几处早莺争暖树，谁家新燕啄春泥。
乱花渐欲迷人眼，浅草才能没马蹄。
最爱湖东行不足，绿杨阴里白沙堤。

长叶异痣蟌

学名：*Ischnura elegans* Vander Linden，1823

分类地位：蜻蜓目蟌科

分布：中国河南、华北、西北、广东；东亚、印度、欧洲。

形态特征：成虫体长约32 mm，体黑色，瘦弱。头顶两端各有1个灰色斑块，单眼红棕色；胸部黑色，侧面蓝绿色；足黄绿色。翅无色透明，前后翅基部均强烈收缩。腹部黑色，具金属光泽。

习性：幼虫在水下植被中活动，取食微型甲壳类动物和昆虫幼虫。

行香子

（宋）秦观

树绕村庄，水满陂塘。倚东风，豪兴徜徉。小园几许，收尽春光。有桃花红，李花白，菜花黄。

远远围墙，隐隐茅堂。飏青旗，流水桥旁。偶然乘兴，步过东冈。正莺儿啼，燕儿舞，蝶儿忙。

拼图游戏：

剪下藏在书中的24张局部图片（下图），
拼成一幅完整的图画吧！

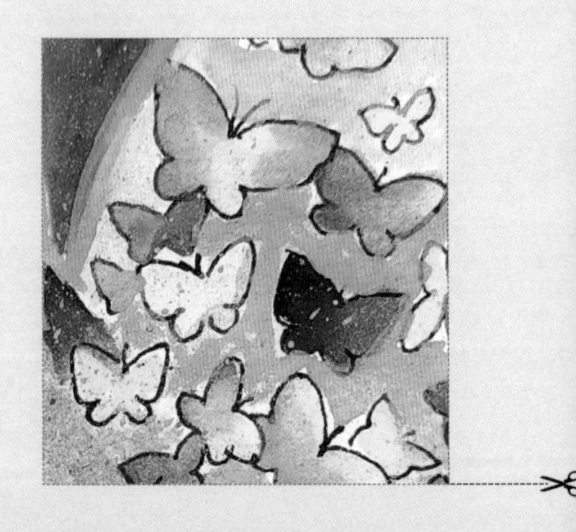

虞美人（其二）

（五代） 李煜

春花秋月何时了，往事知多少。小楼昨夜又东风，故国不堪回首月明中。

雕栏玉砌应犹在，只是朱颜改。问君能有几多愁，恰似一江春水向东流。

麻皮蝽（若虫）

学名：*Erthesina fullo*（Thunberg，1783）

分类地位：半翅目蝽科

分布：中国华北、东北、华中、华南、西南等地区。

麻皮蝽若虫的臭腺孔为什么长在腹部背面，而不是像成虫一样长在胸部下面？

麻皮蝽等蝽类若虫的臭腺孔通常长在腹部背面第3、4、5节的后方和下一节相连的位置，共3对。成虫的臭腺通常长在胸部下面。若虫的胸部还没长翅，待长到5龄充分完成发育后，蜕去最后一次皮，变为成虫，这时候腹部背面就被翅完全盖住了，所以生长位置不一样。若虫受到敌害攻击时，从背面直接放出挥发性的臭味，要比从胸下放出臭味的反击效果更快更好。

登楼

（唐） 杜甫

花近高楼伤客心，万方多难此登临。
锦江春色来天地，玉垒浮云变古今。
北极朝廷终不改，西山寇盗莫相侵。
可怜后主还祠庙，日暮聊为梁甫吟。

黑带食蚜蝇

学名：*Episyrphus balteatus*（De Geer，1760）

分类地位：双翅目食蚜蝇科

分布：华中、华北、东北、上海。

形态特征：成虫体长9～10 mm。体黄色，头部黑色，被灰白色粉层；黄额有黑毛，在触角上方两侧各有1个小黑斑，额正中有不明显暗色纵线。胸部黑色，小盾片黄色，腹部棕黄色，细长，具宽窄相间的黑色横带。

习性：幼虫捕食蛾蝶类害虫的卵和幼虫，成虫取食花蜜。

春晓

（唐） 孟浩然

春眠不觉晓，

处处闻啼鸟。

夜来风雨声，

花落知多少。

钩翅舟蛾

学名：*Gangarides dharma* Moore，1865

分类地位：鳞翅目舟蛾科

分布：中国华北、西北、华中、华南、西南等地区；朝鲜、东南亚、南亚。

形态特征：成虫体长26～30 mm，翅展60～80 mm；体翅灰黄色并布满褐色鳞片，头、胸部背面和前翅带浅朱红色。前翅具清晰的暗褐色横线5条，亚基线波浪形，内线在中室前外曲，中线在中室横脉外曲，外线弯曲斜伸达后缘的白点处，外缘较平滑；后翅灰黄褐色。

习性：幼虫取食板栗、茶的叶片和嫩枝。

宿建德江

（唐） 孟浩然

移舟泊烟渚，
日暮客愁新。
野旷天低树，
江清月近人。

涂色游戏：

发挥你的想象，给美丽的翅膀涂上颜色吧！

回乡偶书

（唐） 贺知章

少小离家老大回，
乡音无改鬓毛衰。
儿童相见不相识，
笑问客从何处来。

草雪苔蛾

学名：*Cyana pratti* Elwes，1890

分类地位：鳞翅目灯蛾科

分布：东北、华北、华中、华东、陕西。

形态特征：雄性前翅长11～15 mm，雌性前翅长14～16 mm。白色，前足和中足胫节具褐带。跗节褐色，基部第2亚节端部色淡。翅面有4条红横纹，内外横线曲折。雄蛾中室有2个黑点，外线近前缘处又有1个黑点。雌蛾前翅中室横脉纹2个黑点斜置，中室近中部有1个黑点。后翅红色，前缘区及缘毛白色。

习性：华北7—8月灯下可见成虫。

赠汪伦

（唐） 李白

李白乘舟将欲行，
忽闻岸上踏歌声。
桃花潭水深千尺，
不及汪伦送我情。

大斑波纹蛾

学名：*Thyatira batis*（Linnaeus，1758）

分类地位：鳞翅目钩蛾科

分布：中国大部；东亚、东南亚、南亚、中亚、西亚、欧洲。

形态特征：成虫翅展32~45 mm。体灰褐色，头、胸部略暗；腹面黄白，颈片和肩片有淡红褐纹，腹部基部背面有1个暗褐色毛丛。足黄白色；前翅暗，黑棕色，有5个带白边的淡红褐斑，其中基部的斑最大，基斑后缘中间有1个近半圆形深色斑；内线、外线和亚端线纤细，黑褐色，不显著。

习性：1年发生2代，5—8月可见成虫，幼虫危害草莓、悬钩子。

石灰吟

（明） 于谦

千锤万凿出深山，
烈火焚烧若等闲。
粉骨碎身浑不怕，
要留清白在人间。

拼图游戏：

剪下藏在书中的24张局部图片（下图），
拼成一幅完整的图画吧！

长歌行

（汉） 汉乐府

青青园中葵，朝露待日晞。
阳春布德泽，万物生光辉。
常恐秋节至，焜黄华叶衰。
百川东到海，何时复西归。
少壮不努力，老大徒伤悲。

斑缘豆粉蝶（雄虫）

学名：*Colias erate*（Esper，1805）

分类地位：鳞翅目粉蝶科

分布：中国东北、华北、西北、华中、华东。

斑缘豆粉蝶雄虫身上的“黄粉”是什么呢?

粉蝶一般都是中小型蝴蝶，只有白色、黄色等素雅的颜色，而且也不会有金属光泽。如果用手去捉黄粉蝶，就会发现它们身上会掉许多粉状物。事实上，粉状物为扁平囊状物，称为鳞片，鳞片是由称为鳞细胞的表皮细胞组成的。鳞片形状变化多样，有长有短，有细有宽，有的尖端还带有锯齿。当气温升高时蝴蝶鳞片打开，通过反射太阳光来散热，气温下降时又会紧贴身体吸收太阳光来增温。鳞片还有助于同伴之间交流和求偶，甚至有防御作用。

闻官军收河南河北

（唐） 杜甫

剑外忽传收蓟北，初闻涕泪满衣裳。
却看妻子愁何在，漫卷诗书喜欲狂。
白日放歌须纵酒，青春作伴好还乡。
即从巴峡穿巫峡，便下襄阳向洛阳。

红蜻

学名：*Crocothemis servillia* Drury，1770

分类地位：蜻蜓目蜻科

分布：中国华中、东北、贵州、江苏。

形态特征：腹长30 mm左右，后翅长35～36 mm。体鲜红色，胸部覆盖黄褐色细毛；前胸背板后叶小，不显著。翅无色透明，后翅基部具黄褐色斑纹，翅痣黄色；后翅盘区在翅近端部扩展。腹部鲜红色，背面中央隆脊明显。

习性：稚虫生活在水中，捕食蚊子、甲虫的幼虫等。

学弈

选自《孟子·告子上》

弈秋，通国之善弈者也。使弈秋诲二人弈，其一人专心致志，惟弈秋之为听；一人虽听之，一心以为有鸿鹄将至，思援弓缴而射之。虽与之俱学，弗若之矣。为是其智弗若与？曰：非然也。

雀纹天蛾

学名：*Theretra japonica*（Orza，1869）

分类地位：鳞翅目天蛾科

分布：中国广泛分布；日本。

形态特征：成虫体长38~40 mm。绿褐色，腹部背线棕褐色，各节间有褐色横纹，两侧橙黄色，腹面粉褐色；前翅黄褐色，顶角至后缘基部有6条暗褐色斜条纹，后翅黑褐色，后角附近有橙灰色三角斑纹。

习性：每年发生1~4代。寄主有葡萄、常春藤、爬山虎、绣球花等植物。

两小儿辩日

选自《列子·汤问》

孔子东游，见两小儿辩斗，问其故。

一儿曰：“我以日始出时去人近，而日中时远也。”

一儿曰：“我以日初出远，而日中时近也。”

一儿曰：“日初出大如车盖，及日中则如盘盂，此不为远者小而近者大乎？”

一儿曰：“日初出沧沧凉凉，及其日中如探汤，此不为近者热而远者凉乎？”

孔子不能决也。

两小儿笑曰：“孰为汝多知乎？”

悬铃木方翅网蝽

学名：*Corythucha ciliata*（Say，1832）

分类地位：半翅目网蝽科

分布：原产于美洲，传入中国近20年，目前国内大部分地区已有分布。

形态特征：成虫长3.2~3.7 mm，宽2.1~2.3 mm。头隐藏于头兜下方，不可见；触角4节，淡褐色，略短于前胸背板宽度。前胸背板中域灰褐色，光亮；头兜、侧背板、中纵脊、侧纵脊和前翅表面的网肋上密布黑色直立小刺；侧背板有许多小室，排列不规则，多于4列。侧背板和前翅外缘具有十分明显的刺列。前翅基部隆起，其后方褐色斑显著。各足浅褐色。

习性：寄主为城市行道树二球悬铃木。华北地区1年发生3~4代，以成虫在树皮下越冬，翌年4月待新叶展开后，成虫上树交配产卵于叶肉，约2周孵化，成虫、若虫均刺吸寄主叶片，造成叶片失绿变黄。

大风歌

（汉） 刘邦

大风起兮云飞扬，
威加海内兮归故乡，
安得猛士兮守四方！

尖色卷蛾

学名：*Choristoneura evanidana*（Kennel，1901）

分类地位：鳞翅目卷蛾科

分布：中国西南、西北、福建、湖南。

形态特征：雄虫翅展17.5～22.5 mm，雌虫翅展较小。头顶被粗糙鳞片，鳞片基部黄白色，端部暗褐色；额灰白色；下唇须略长于复眼直径，黄褐色。前翅前缘基半部明显隆起，其后较平直，顶角钝；后翅暗灰色。

习性：寄主包括蒙古栎、桦、榛、胡枝子、杉、松等植物。

七步诗

（魏） 曹植

煮豆持作羹，漉菽以为汁。

萁在釜下燃，豆在釜中泣。

本是同根生，相煎何太急？

中华岱蝽

学名：*Dalpada cinctipes* Walker，1867

分类地位：半翅目蝽科

分布：中国华北、华中、华南、西南等地区。

形态特征：成虫体长16～17 mm，宽约5 mm；紫褐色至紫黑色或绿黑色，略具金属光泽；触角黑色；前胸背板前半部分绿黑色，后半部分隐约有4条绿黑色纵纹；小盾片基角黄斑大而圆。翅革片灰黄褐色，常有5块不规则的黑斑；足胫节中央有黄环，跗节黄色，末端黑色。

习性：不完全变态；刺吸危害构树、楸树等植物。

赐萧瑀

（唐） 李世民

疾风知劲草，
板荡识诚臣。
勇夫安识义，
智者必怀仁。

拼图游戏：

剪下藏在书中的24张局部图片（下图），

拼成一幅完整的图画吧！

书湖阴先生壁

（宋） 王安石

茅檐长扫净无苔，
花木成畦手自栽。
一水护田将绿绕，
两山排闼送青来。

东亚钳蝎

学名：*Buthus martensii*（Karsch，1879）

分类地位：蝎目钳蝎科

分布：中国河南、内蒙古、辽宁、河北、华东。

东亚钳蝎怎样产仔？

大多数无脊椎动物是产卵的，像鸡蛋一样，但也有少数是直接生宝宝的，即胎生。而蝎的胎生是胚在母体内，但以卵黄为营养生长发育，所以其实叫卵胎生，即卵在母体内孵化。到临产期时，蝎寻找背光安静的地方作为产仔地点。孕蝎行动吃力，需要边挖边歇，挖好稍歇片刻后，用4对步足撑高躯体，从腹面生殖孔生出新生仔蝎。

江南春

（唐） 杜牧

千里莺啼绿映红，
水村山郭酒旗风。
南朝四百八十寺，
多少楼台烟雨中。

大造桥虫

学名：*Ascotis selenaria*（Denis et Schiffermüller, 1775）

分类地位：鳞翅目尺蛾科

分布：中国各地广泛分布。

形态特征：成虫体长15~20 mm，浅灰褐色，翅上的横线和斑纹均为暗褐色，中室端有1个斑纹，前翅亚基线和外横线锯齿状，外缘中部附近有1个斑块；后翅外横线锯齿状，其内侧灰黄色。

习性：1年发生3代，成虫4月开始出现并产卵。幼虫咀嚼植物叶片和嫩枝，寄主广泛，包括苹果、梨、棉、豆类等植物。

黄鹤楼送孟浩然之广陵

（唐） 李白

故人西辞黄鹤楼，
烟花三月下扬州。
孤帆远影碧空尽，
唯见长江天际流。

黄边胡蜂

学名：*Vespa crabro* Linnaeus，1758

分类地位：膜翅目胡蜂科

分布：中国华北、东北、华东、西南；日本、欧洲。

形态特征：成虫体长22～30 mm。头橘黄色，复眼肾形，暗褐色，两复眼之间深褐色，唇基橘黄色。胸部橘红色，背面具深褐色斑纹，并胸腹节棕褐色；足红褐色，翅透明，淡褐色。腹部橘黄色，具深褐色环纹。

习性：半社会性昆虫；捕食小型节肢动物。

清明

（唐） 杜牧

清明时节雨纷纷，
路上行人欲断魂。
借问酒家何处有？
牧童遥指杏花村。

蓝额疏脉蜻

学名：*Brachydiplax chalybea* Brauer，1868

分类地位：蜻蜓目蜻科

分布：中国河南、华东、云南。

形态特征：成虫体长42 mm。体黑色，头顶部蓝色，有金属光泽；额前缘有1对三角形黄斑，额上中央有1条纵沟；胸部黑色，着白色长毛，有黄色斑纹；足黑色；翅无色透明，翅痣淡褐色；腹部蓝灰色，不扁。

习性：成虫出现于4—10月，极稀少。

寒食

（唐） 韩翃

春城无处不飞花，
寒食东风御柳斜。
日暮汉宫传蜡烛，
轻烟散入五侯家。

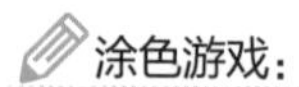

涂色游戏：

发挥你的想象，给美丽的翅膀涂上颜色吧！

春晚二首（其一）

（宋） 王令

三月残花落更开，
小檐日日燕飞来。
子规夜半犹啼血，
不信东风唤不回。

异斑象天牛

学名：*Mesosa stictica* Blanchard，1871

分类地位：鞘翅目天牛科

分布：中国华北、华中、华东、西南。

形态特征：成虫体长11～15 mm。虫体宽短，长方形。体灰褐色，被灰白色细毛，杂以黑色和橙红色毛斑。头部颊及后头中央两侧各有1个橙红色毛斑。触角长于体长，第3节以后各节基半部粉红色。前胸背板有4个卵形黑绒毛斑，前方2个较后方大1倍有余，黑斑两侧有橙红色毛斑，背板中线上有橙红色细条，中部最明显。鞘翅杂布许多小的黑绒毛斑和不规则的橙红色毛斑。

习性：幼虫蛀干危害林木，包括洋槐、胡桃、山核桃、酸枣、梨、松等。

伯牙善鼓琴

选自《列子》

伯牙善鼓琴，钟子期善听。伯牙鼓琴，志在高山。钟子期曰："善哉，峨峨兮若泰山！"志在流水，钟子期曰："善哉，洋洋兮若江河！"伯牙所念，钟子期必得之。

伯牙游于泰山之阴，卒逢暴雨，止于岩下，心悲，乃援琴而鼓之。初为霖雨之操，更造崩山之音。曲每奏，钟子期辄穷其趣。伯牙乃舍琴而叹曰："善哉，善哉，子之听夫志，想象犹吾心也。吾于何逃声哉？"

拼图游戏：

剪下藏在书中的24张局部图片（下图），
拼成一幅完整的图画吧！

晚春二首（其一）

（唐） 韩愈

草树知春不久归，
百般红紫斗芳菲。
杨花榆荚无才思，
惟解漫天作雪飞。

谷蛾

学名：*Nemapogon granella*（Linnaeus，1758）

分类地位：鳞翅目谷蛾科

分布：除西藏未发现，中国其他各省市均有分布。

夏天家里的面粉生了什么虫?

谷蛾危害室内的多种谷物及制成品、干果，也可危害干香菇等。每年3—10月可见成虫。幼虫头部红褐色，体躯灰白色，老熟时体长约10 mm。幼虫做丝巢，爬行时拖巢袋。夏天家里面粉易生虫，如果虫子身上有丝状物，可以初步确定是谷蛾。谷蛾蛹的末节腹面两侧各有1个显著的刺突，容易辨认。

己亥杂诗（其五）

（清） 龚自珍

浩荡离愁白日斜，
吟鞭东指即天涯。
落红不是无情物，
化作春泥更护花。

黄刺蛾

学名：*Monema flavescens* Walker，1855

分类地位：鳞翅目刺蛾科

分布：中国华北、东北、华中、华南、西南等地。

形态特征：成虫体长13～17 mm，翅展30～39 mm。体橙黄色。前翅黄褐色，自顶角有1条细斜线伸向中室，斜线内方为黄色，外方为褐色；后翅灰黄色。

习性：以幼虫危害枣、核桃、柿、枫、苹果、杨等多种植物。

游园不值

（宋） 叶绍翁

应怜屐齿印苍苔，
小扣柴扉久不开。
春色满园关不住，
一枝红杏出墙来。

紫蓝曼蝽

学名：*Menida violacea* Motschulsky，1861

分类地位：半翅目蝽科

分布：中国华中、河北、辽宁、华东、四川、陕西。

形态特征：成虫体长8～10 mm，宽4～5.5 mm，椭圆形，紫蓝色，有金绿闪光，密布黑点。头中叶基部的后面，有2条细白纵纹。前胸背板前缘及前侧缘黄白色，后区有黄白色宽带。小盾片端部黄白色。腹部腹面有1根黄色锐刺。腹部各节侧接缘外侧具1半月形黄白斑。

习性：成虫能多次交尾，卵块状，多产在叶背。

春夜洛城闻笛

（唐） 李白

谁家玉笛暗飞声，
散入春风满洛城。
此夜曲中闻折柳，
何人不起故园情。

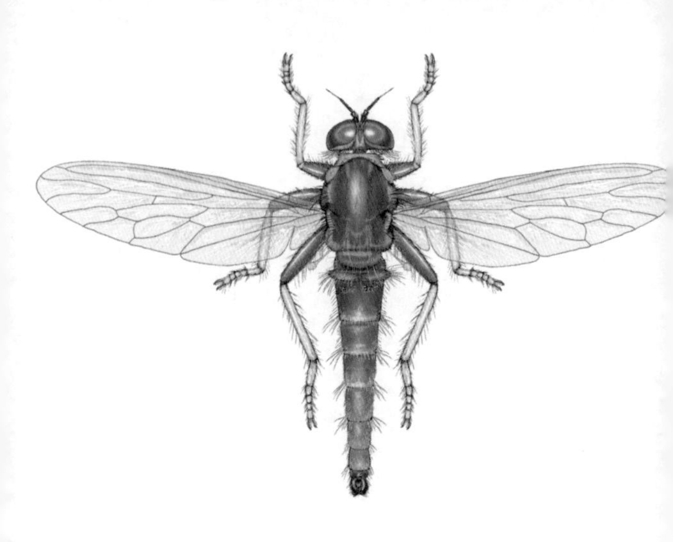

蓝弯顶食虫虻

学名：*Neoitamus cyanurus*（Loew，1849）

分类地位：双翅目盗虻科

分布：中国华北、华中、西北、华东；欧洲。

形态特征：成虫体长12～18 mm。体黑褐色；复眼棕褐色；后头具棕黑色长毛，各毛中部直角弯向前方；触角第3节有细长的端芒刺。胸部两侧具灰白色粉被；足股节黑色，胫节和跗节黄色；翅透明，略呈淡黄褐色，翅缘室细长，近端部闭合具柄。腹部窄细，向后渐狭，颜色基部深灰色，近端部灰黄色，末端黑色。

习性：华北麦田常见种类，是重要的农田天敌昆虫。

宿新市徐公店

（宋） 杨万里

篱落疏疏一径深，

树头新绿未成阴。

儿童急走追黄蝶，

飞入菜花无处寻。

宽曼蝽

学名：*Menida lata*（Yang，1934）

分类地位：半翅目蝽科

分布：中国华中、华东、华南、西南。

形态特征：体长6～7 mm，宽大于长；黄褐色，密布黑刻点。头侧叶与中叶等长，上有5列黄纵纹。前胸背板前缘及前侧缘具白色狭边，胝区黑色。小盾片两基角处各有1个肾形黄斑。前翅膜透明。腹部腹面黑色，第2～6腹节侧区各有1个橙黄色横斑。

习性：不完全变态，刺吸植物汁液。

江南逢李龟年

（唐） 杜甫

岐王宅里寻常见，
崔九堂前几度闻。
正是江南好风景，
落花时节又逢君。

华北大黑鳃金龟

学名：*Holotrichia diomphalia* Bates，1888

分类地位：鞘翅目鳃金龟科

分布：中国东北、华北、华中；朝鲜。

形态特征：成虫黑褐色，有光泽，体长17～21 mm，宽约11 mm。体表光滑无毛，触角10节，雄虫棒节3节且较长，约等于索节，雌虫棒节明显短小。前胸背板横阔，最阔点在侧缘中央。鞘翅纵肋3条，靠近翅内侧的纵肋最明显且向后渐宽。前足胫节外侧具齿3个，内侧有距1根。臀板外露，两侧各有1个小圆坑。雄虫第5节腹板中央有三角形凹坑。

习性：2年发生1代，以幼虫越冬，幼虫危害多种农作物根系，成虫7—8月羽化，取食林木嫩枝梢，补充营养后，交配产卵于土中。

卜算子·咏梅

（宋） 陆游

驿外断桥边，寂寞开无主。
已是黄昏独自愁，更着风和雨。
无意苦争春，一任群芳妒。
零落成泥碾作尘，只有香如故。

拼图游戏：

剪下藏在书中的24张局部图片（下图），
拼成一幅完整的图画吧！

约客

（宋） 赵师秀

黄梅时节家家雨，
青草池塘处处蛙。
有约不来过夜半，
闲敲棋子落灯花。

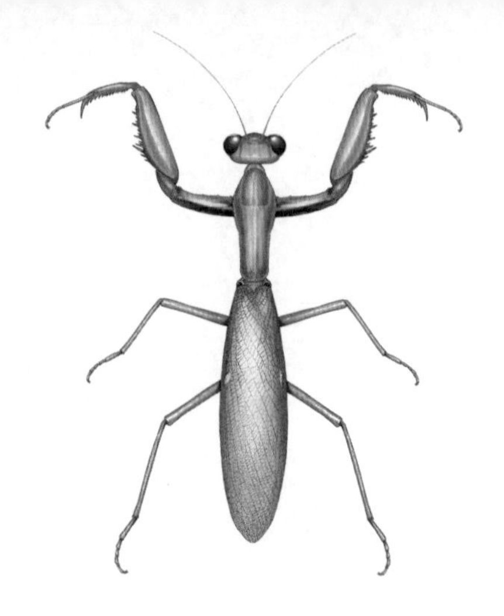

广斧螳

学名：*Hierodula patellifera*（Serville，1839）

分类地位：螳螂目螳科

分布：中国华中、西南、华东、台湾、华南。

为什么广斧螳雌虫要吃掉自己的“丈夫”呢？

广斧螳也叫广腹螳、宽腹螳螂，是国内最常见的大型螳螂。体短胖，有着宽阔的腹部，三角形的头部，身体翠绿。在交配完成后，雌螳螂会杀死雄螳螂，这是为什么呢？一种说法是螳螂头部有神经系统抑制中心，一旦螳螂丢掉了脑袋，神经系统的抑制就会消失，精液自然也会流入雌螳螂的体内，有利于交配。还有一种说法是雌螳螂在交配时为了保证自身的营养供应，会将雄螳螂当成食物吃掉。

春望

（唐） 杜甫

国破山河在，城春草木深。
感时花溅泪，恨别鸟惊心。
烽火连三月，家书抵万金。
白头搔更短，浑欲不胜簪。

瘤缘蝽

学名：*Acanthocoris scaber*（Linnaeus，1763）

分类地位：半翅目缘蝽科

分布：中国西南、华东、华南、湖北、台湾。

形态特征：成虫体长10.5～13.5 mm，宽4～5 mm，褐色。触角具粗硬毛。前胸背板具显著的瘤突；侧接缘各节的基部棕黄色，膜片基部黑色，胫节近基端有1个浅色环斑；后足股节膨大，内缘具小齿或短刺。

习性：南方1年发生1～2代，以成虫越冬。以成虫、若虫刺吸危害辣椒、马铃薯、番茄、茄子、蚕豆、蕹菜、瓜类等蔬菜。

归园田居五首（其三）

（东晋） 陶渊明

种豆南山下，草盛豆苗稀。
晨兴理荒秽，带月荷锄归。
道狭草木长，夕露沾我衣。
衣沾不足惜，但使愿无违。

丽草蛉

学名：*Chrysopa formosa* Brauer，1851

分类地位：脉翅目草蛉科

分布：西藏以外中国大部；蒙古、朝鲜、日本、俄罗斯、欧洲。

形态特征：前翅翅展约14 mm。体绿色，头顶有1对黑斑；前胸背板绿色，侧缘有褐色斑。中后胸背板背面各有1对黑色斑；中央黄绿色纵纹不明显；腹部有黑色细毛。

习性：华北地区1年发生4代。成虫和幼虫均以蚜虫等小型昆虫为食，是重要的天敌昆虫。

采桑子（其一）

（宋） 欧阳修

轻舟短棹西湖好，绿水逶迤。芳草长堤，隐隐笙歌处处随。

无风水面琉璃滑，不觉船移。微动涟漪，惊起沙禽掠岸飞。

胞短栉夜蛾

学名：*Brevipecten consanguis* Leech，1900

分类地位：鳞翅目夜蛾科

分布：华北以南中国大部；日本、印度。

形态特征：成虫体长10 mm左右，翅展28 mm左右。头部及胸部棕灰色，腹部灰黄色，腹背微褐色。前翅棕色杂灰白色，肾纹灰褐色有黑褐边，内侧有1个钻形黑棕斑，前缘近顶角有1个三角形黑棕斑；后翅灰褐色。

习性：1年发生2代，华北5—8月可见成虫，以蛹越冬。幼虫取食野豌豆。

四时田园杂兴六十首（其三十一）

（宋） 范成大

昼出耘田夜绩麻，
村庄儿女各当家。
童孙未解供耕织，
也傍桑阴学种瓜。

横纹菜蝽

学名：*Eurydema gebleri*（Kolenati，1846）

分类地位：半翅目蝽科

分布：中国河南、黑龙江、新疆、陕西、山东。

形态特征：成虫蓝褐色，体长6～9 mm，宽3.5～5 mm。前胸背板上有黑斑6个，黑斑有时相连。小盾片蓝黑色，上有“Y”形黄色纹。革片前缘橙黄色，端缘内角有1橙黄横带，不达前缘橙带。各足胫节中段黄色。

习性：不完全变态。成虫和若虫喜刺吸蔬菜幼嫩部位。

赠花卿

（唐） 杜甫

锦城丝管日纷纷，

半入江风半入云。

此曲只应天上有，

人间能得几回闻。

涂色游戏：

发挥你的想象，给美丽的翅膀涂上颜色吧！

卜算子·送鲍浩然之浙东

（宋） 王观

水是眼波横，山是眉峰聚。
欲问行人去那边？眉眼盈盈处。
才始送春归，又送君归去。
若到江南赶上春，千万和春住。

拼图游戏：

剪下藏在书中的24张局部图片（下图），

拼成一幅完整的图画吧！

赋新月

（唐） 缪氏子

初月如弓未上弦，
分明挂在碧霄边。
时人莫道蛾眉小，
三五团圆照满天。

褐黄前锹甲

学名：*Prosopocoilus astacoides blanchardi*（Parry，1873）

分类地位：鞘翅目锹甲科

分布：中国河北、河南、湖北、陕西、江苏、浙江、台湾、云南、内蒙古。

褐黄前锹甲的大牙有什么用?

褐黄前锹甲的大牙叫上颚。一般雄虫的上颚非常发达，长度是头部和前胸背板总和的1.5倍；而雌虫的上颚很小，长度短于头部。雄虫的左上颚和右上颚的齿突排列和数量略有差别。在繁殖季节，雄虫会占据一个有利的树枝，等待雌虫前来交配。如果其他雄虫也看中了这个树枝，2只雄虫就会展开激烈的搏斗，失败的一方最后会跌落树枝，得胜的一方会继续占据这个树枝。上颚越大的锹甲力气越大，就有更多机会打败竞争者，有更多机会找到理想的伴侣。

饮酒（其五）

（东晋） 陶渊明

结庐在人境，而无车马喧。
问君何能尔？心远地自偏。
采菊东篱下，悠然见南山。
山气日夕佳，飞鸟相与还。
此中有真意，欲辨已忘言。

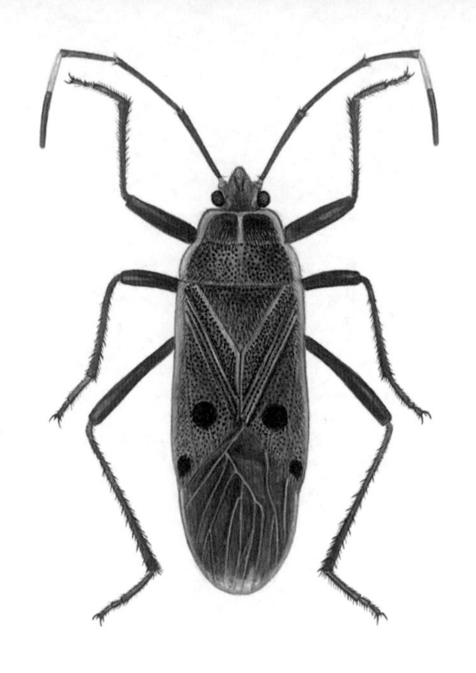

四斑红蝽

学名：*Physopelta quadriguttata*（Bergroth，1894）

分类地位：半翅目红蝽科

分布：中国华中、华东、华南。

形态特征：成虫体长12～15.5 mm，长椭圆形，背面浅棕红色，密被短细毛。触角黑色，末节基部2/5黄褐色。前胸背板前叶部分隆起，后叶刻点清楚。前翅有1个黑色圆斑，近顶角处亦有1个较小黑色圆斑。

习性：不完全变态，以成虫和若虫刺吸植物汁液为食。

大林寺桃花

（唐） 白居易

人间四月芳菲尽，
山寺桃花始盛开。
长恨春归无觅处，
不知转入此中来。

黑足熊蜂

学名：*Bombus atripes* Smith，1852

分类地位：膜翅目蜜蜂科

分布：中国华东、华南、华中、西南等地区。

形态特征：成虫体长23～25 mm，触角、头、足黑色，胸腹被浓密红褐色毛。触角膝状，雌12节，雄13节。单眼几乎为直线排列。前翅暗褐色，缘室远离翅顶角，3个亚缘室几乎等大；第1亚缘室被斜脉分割，下部窄于第2室。雌性及工蜂后足胫节外侧具花粉篮，该节外表光滑凹陷，边缘具长毛。腹部末端背面观不弯曲。

习性：半社会性昆虫，常见访花昆虫，喜豆科植物。

和张仆射塞下曲六首（其二）

（唐） 卢纶

林暗草惊风，
将军夜引弓。
平明寻白羽，
没在石棱中。

褐菱猎蝽

学名：*Isyndus obscurus*（Dallas，1850）

分类地位：半翅目猎蝽科

分布：广泛分布于中国山东以南各省；日本、印度等国家。

形态特征：成虫体长20.1～29.2 mm，褐色。体密被平伏短毛。头较细长；触角4节。前胸背板前叶印纹较深，两侧各具1个瘤突或乳状突；后叶侧角略呈角状，后角圆钝，后缘近平直。小盾片中央突起明显。腹部侧接缘向两侧扩展，雌虫在第5、6两节尤甚。

习性：不完全变态。较凶猛，有捕食性，以各类鳞翅目幼虫及节肢动物等为食。

遗爱寺

（唐） 白居易

弄石临溪坐，

寻花绕寺行。

时时闻鸟语，

处处是泉声。

杨叶甲

学名：*Chrysomela populi*（Linnaeus，1758）

分类地位：鞘翅目叶甲科

分布：中国大部；印度、东亚、中亚、西亚、欧洲、北非。

形态特征：成虫体长约11 mm，椭圆形。鞘翅红褐色，具光泽，触角、头、胸、小盾片、身体腹面及足均为黑蓝色。前胸背板两侧具纵沟，纵沟之间平滑，纵沟外侧刻点粗大。小盾片三角形。鞘翅宽于前胸。

习性：1年发生2代。以成虫越冬。卵产于杨树叶片上，幼虫喜食嫩叶，有群栖习性。

江畔独步寻花七绝句（其五）

（唐） 杜甫

黄师塔前江水东，
春光懒困倚微风。
桃花一簇开无主，
可爱深红爱浅红？

墨胸胡蜂

学名：*Vespa velutina*（Lepeletier，1836）

分类地位：膜翅目胡蜂科

分布：华北以南中国大部；印度、印度尼西亚、欧洲。

形态特征：成虫体长约24 mm，前翅展翅约47 mm。体黑色，两触角窝之间棕色，两复眼内缘间呈暗棕色，其余额部及颅顶部均为黑色。胸部黑色刻点细浅，布有较长的黑色毛。腹部黄褐色，第1可见腹节（后缘前方）黑色除外。各足跗节黄色。

习性：捕食性昆虫，嗜食甜性物质。近年来有入侵欧洲并在蜂场捕食西方蜜蜂的报道。

剑客

（唐） 贾岛

十年磨一剑，

霜刃未曾试。

今日把示君，

谁有不平事？

拼图游戏：

剪下藏在书中的24张局部图片（下图），
拼成一幅完整的图画吧！

题李凝幽居

（唐） 贾岛

闲居少邻并，草径入荒园。
鸟宿池边树，僧敲月下门。
过桥分野色，移石动云根。
暂去还来此，幽期不负言。

栎纷舟蛾（幼虫）

学名：*Fentonia ocypete*（Bremer，1816）

分类地位：鳞翅目舟蛾科

分布：西北和西藏以外的中国大部；朝鲜、日本、俄罗斯。

常被鸟类作为食物的幼虫如何保护自己?

不少种类的昆虫（包括它们的幼虫）体色都很艳丽，具有鲜艳的色彩和醒目的花纹，这种现象我们通常称之为警戒色。这种警戒色主要是告诉那些对可见光视觉发达的哺乳类和鸟类——别吃我，否则后果自负！栎纷舟蛾幼虫体色就是这类警戒色的代表之一，它胸部背线红紫色，两侧草绿色，腹部第3～6节膨大，第3~8节背面紫红色，上有黄色圆斑。

清平乐

（宋） 黄庭坚

春归何处？寂寞无行路。
若有人知春去处，唤取归来同住。
春无踪迹谁知？除非问取黄鹂。
百啭无人能解，因风飞过蔷薇。

丹日明夜蛾

学名：*Sphragifera sigillata* Ménétriés，1859

分类地位：鳞翅目夜蛾科

分布：中国华北、东北、华中、华南、西南等地；朝鲜、日本、俄罗斯。

形态特征：成虫体长9～12 mm，翅展30～40 mm；头胸部白色；前翅白色，散布褐色鳞片，近外缘有1个赤褐色大圆斑纹。后翅白色微黄，外半部带褐色，缘毛端部白色。

习性：幼虫取食危害核桃树叶片。1年发生2代，以老熟幼虫化蛹越冬。

题花山寺壁

（宋） 苏舜钦

寺里山因花得名，
繁英不见草纵横。
栽培剪伐须勤力，
花易凋零草易生。

肾纹绿尺蛾

学名：*Comibaena procumbaria*（Pryer，1877）

分类地位：鳞翅目尺蛾科

分布：中国西南、华东、华南、华中、西南、西北、台湾。

形态特征：成虫翅宽18～24 mm。翅鲜绿色。翅外缘有波浪形褐色边线，前翅下缘角和后翅前缘角有褐色边线的白斑。

习性：成虫出现于5—11月，生活在低中海拔山区。寄主为荆条、胡枝子、茶、罗汉松、杨梅等植物。

乡村四月

（宋） 翁卷

绿遍山原白满川，

子规声里雨如烟。

乡村四月闲人少，

才了蚕桑又插田。

弯斑姬蜂虻

学名：*Systropus curvittatus*（Du & Yang，2009）

分类地位：双翅目蜂虻科

分布：中国河南、北京、四川等。

形态特征：成虫体长25～26 mm。触角基部2节黄色，末节黑色；喙细长，末端卷曲。胸部黑色，两侧具黄色斑纹；足橘黄色，后足胫节中域有黑色大斑，后足跗节端部4个分节黑色。腹部细长，侧扁，基部和末端略膨大。

习性：成虫有访花习性，幼虫有寄生性或捕食性。

三衢道中

（宋） 曾几

梅子黄时日日晴，
小溪泛尽却山行。
绿阴不减来时路，
添得黄鹂四五声。

扶桑四点野螟

学名：*Lygropia quaternalis* Zeller 1852

分类地位：鳞翅目草螟科

分布：中国东北、华北、华中、华南、西南、陕西。

形态特征：成虫翅展20 mm。体色橘黄，头部、胸部及腹部有白色斑纹。前、后翅黄白色，有显著的橘黄色带，前翅亚基线和内横线宽阔，前缘近翅基有1个黑点，中室内有1个黑点，上方有2个黑点。

习性：成虫有趋光性。幼虫危害扶桑。

沁园春·长沙

毛泽东

独立寒秋，湘江北去，橘子洲头。
看万山红遍，层林尽染；
漫江碧透，百舸争流。
鹰击长空，鱼翔浅底，万类霜天竞自由。
怅寥廓，问苍茫大地，谁主沉浮？

携来百侣曾游，忆往昔峥嵘岁月稠。
恰同学少年，风华正茂；
书生意气，挥斥方遒。
指点江山，激扬文字，粪土当年万户侯。
曾记否，到中流击水，浪遏飞舟？

黑翅土白蚁

学名：*Odontotermes formosanus*（Shiraki，1909）

分类地位：等翅目白蚁科

分布：华北以南中国大部；南亚、东南亚。

形态特征：兵蚁体长5～6 mm。黄褐色，头被稀毛，色较暗，胸腹部有较密集的毛。头部卵形，向前端略狭窄。上唇三角形，末端圆端；上颚镰刀形，左上颚内缘前段1/3处有明显的齿，右上颚内缘中部、基部各有1个齿突。工蚁体长4.6～4.9 mm，头黄色，胸腹部灰白色。有翅繁殖蚁体长12～14 mm，翅展45～50 mm，背面黑褐色，腹面棕黄色；全身覆有浓密的毛。

习性：土栖社会性昆虫，地下筑巢，深达1～2 m，蚁巢内部分级，包括蚁后、蚁王、工蚁、兵蚁、繁殖蚁。

夏日绝句

（宋） 李清照

生当作人杰，
死亦为鬼雄。
至今思项羽，
不肯过江东。

拼图游戏：

剪下藏在书中的24张局部图片（下图），
拼成一幅完整的图画吧！

江畔独步寻花七绝句（其六）

（唐） 杜甫

黄四娘家花满蹊，
千朵万朵压枝低。
留连戏蝶时时舞，
自在娇莺恰恰啼。

涂色游戏：

发挥你的想象，给美丽的翅膀涂上颜色吧！

南园十三首（其五）

（唐） 李贺

男儿何不带吴钩，
收取关山五十州。
请君暂上凌烟阁，
若个书生万户侯？

毛穿孔尺蛾

学名：*Corymica arnearia* Walker，1860

分类地位：鳞翅目尺蛾科

分布：华中以南中国大部；日本、南亚、东南亚。

形态特征：体长10 mm。黄色，杂以浅褐斑。下唇须和颈片红棕色，腹部近基部背面有1个浅褐斑。前翅狭长，顶角突出，翅面散布点斑，前缘基部有红褐色斑，杂以细碎白斑；中线后半显著；亚缘线宽，中域缺1/2段，前缘及后缘部分色深；后翅宽大。前后翅缘线暗褐色。雄蛾翅基部有1个透明椭圆形眼状斑，雌蛾无。

习性：1年发生1代，6—9月可见成虫。

题乌江亭

（唐） 杜牧

胜败兵家事不期，
包羞忍耻是男儿。
江东子弟多才俊，
卷土重来未可知。

雅美翠夜蛾

学名：*Daseochaeta pulchra* Wileman，1912

分类地位：鳞翅目夜蛾科

分布：中国河南、陕西、甘肃、四川、云南、西藏；印度。

形态特征：翅展约35 mm。头、颈片、前翅翠绿色，有许多不规则黑斑块或弧形线条。胸背浅绿色，前翅前缘白色，被多个黑斑截断为数段；基线前方一半为2个断开的小黑斑，后方一半向外倾斜显著，白色，显著粗于其他前翅白色线条。内线黑色，不连续，其外缘白色；中线黑色，较模糊，不连续；外线黑色，内侧为白色线，亚端线为不明显的绿色带；中室端部有1个显著的“I”形黑斑，中段极粗。后翅白色。

习性：幼虫取食植物叶片及嫩枝，成虫7—8月灯下可见。

金缕衣

(唐)　无名氏

劝君莫惜金缕衣，
劝君惜取少年时。
花开堪折直须折，
莫待无花空折枝。

宽缘瓢萤叶甲

学名：*Oides maculatus*（Olivier，1807）

分类地位：鞘翅目叶甲科

分布：华中以南中国大部。

形态特征：成虫体长9～13 mm，宽8.5～11 mm，体卵形，黄褐色。头部微凸，有细刻点。触角较细，末端4节黑褐色，长度约为体长的2/3；上唇横宽，前缘中部凹缺深；额唇基隆突较高，额瘤明显，长圆形。前胸背板具不规则褐色斑纹；后胸腹板黑褐色。每个鞘翅有1条较宽的黑色纵带，其宽度略窄于翅面最宽处的1/2，有时鞘翅完全淡色。鞘翅前缘近基部处的外缘褶最宽，至少为翅宽的1/3，翅面刻点细。腹部黑褐色。

习性：1年发生2～3代，以成虫越冬。成虫、幼虫均可取食寄主植物叶片和嫩芽，包括葡萄、野葡萄。

韩冬郎即席为诗相送（其一）

（唐） 李商隐

十岁裁诗走马成，
冷灰残烛动离情。
桐花万里丹山路，
雏凤清于老凤声。

暗褐蝈螽

学名：*Gampsocleis sedakovii*（Fischer von Waldheim，1846）

分类地位：直翅目螽斯科

分布：中国东北、华北、华南；日本、朝鲜、蒙古、俄罗斯、欧洲。

形态特征：体长35～40 mm。体形粗壮，草绿或褐绿色。触角极细长，头大，前胸背板宽大，似马鞍形，侧面下缘和后缘镶白边。前翅具草绿色条纹并布满褐色斑点；腹部侧面各节灰绿相间，灰色斑带上方1/3显著加黑。产卵器约为体长的1/2，窄弯刀状，向后直伸，中部向背方略隆。

习性：杂食性，可取食禾本科植物及杂草，也可取食小型昆虫。

农家

（唐） 颜仁郁

半夜呼儿趁晓耕，
羸牛无力渐艰行。
时人不识农家苦，
将谓田中谷自生。

旱柳原野螟

学名：*Proteuclasta stotzneri*（Caradja，1927）

分类地位：鳞翅目草螟科

分布：中国华北、东北、西北、西南等地。

形态特征：成虫翅展26～38 mm；前翅前缘灰褐色，中室前半部灰褐色，后半部白色，翅脉深褐色，外缘带黑褐色，缘毛白色；后翅半透明，外缘带前半部宽，灰褐色；外缘线黑褐色，缘毛白色，顶角中部有1条不明显的褐色线。

习性：寄主为旱柳、垂柳。

游子吟

（唐）　孟郊

慈母手中线，游子身上衣。
临行密密缝，意恐迟迟归。
谁言寸草心，报得三春晖。

拼图游戏：

剪下藏在书中的24张局部图片（下图），

拼成一幅完整的图画吧！

小松

（唐） 杜荀鹤

自小刺头深草里，
而今渐觉出蓬蒿。
时人不识凌云木，
直待凌云始道高。

六斑异瓢虫

学名：*Aiolocaria hexaspilota*（Hope，1831）

分类地位：鞘翅目瓢虫科

分布：中国东北、华北、华中、华东、西藏；朝鲜、俄罗斯、南亚、东南亚。

瓢虫都吃什么？

瓢虫全世界约有5000种，包括捕食性、植食性、菌食性等种类。大部分为捕食性种类，捕食蚜虫、介壳虫、粉虱、叶螨或其他小型昆虫，都属于益虫；少部分种类为植食性或菌食性。植食性种类以直接取食叶片为主，多为茄科、葫芦科植物，包括我们最常见的栽培种类，如马铃薯、番茄、南瓜、豆类，是农业上的重要害虫。菌食性种类主要取食真菌孢子，包括白粉菌等。

己亥岁二首（其一）

（唐） 曹松

泽国江山入战图，
生民何计乐樵苏。
凭君莫话封侯事，
一将功成万骨枯。

华麦蝽

学名：*Aelia fieberi* Scott，1874

分类地位：半翅目蝽科

分布：中国华北、东北、华中等地区。

形态特征：成虫近菱形，体长约9.5 mm，宽约4.5 mm，淡灰褐色。头部背面中间有1条黑色宽纵带，两侧有黑色细纵线。小盾片特别发达，似舌状，长度超过腹背中央。

习性：以刺吸枝叶汁液方式危害桧柏及麦、稻、苜蓿、牧草等。

蚕妇

（宋） 张俞

昨日入城市，
归来泪满巾。
遍身罗绮者，
不是养蚕人。

宽铗同蝽

学名：*Acanthosoma labiduroides* Jakovlev，1880

分类地位：半翅目同蝽科

分布：中国华北、东北、西北、华中、西南、华东。

宽铗同蝽雄虫的尾巴为什么是红色?

通常昆虫会伪装成生活环境的背景色，这样不容易被敌人发现。宽铗同蝽雄虫的尾巴又叫“生殖铗”，是长在腹末生殖节的夹子状构造，颜色鲜红，特别醒目。专家推测这种红色属于警戒色，它的目的是为了吓阻敌害（如鸟类）的攻击。如果敌害强行攻击，通常会遭到严重的反击，或产生非常痛苦的体验。专家推测是由于宽铗同蝽胸部腹面的臭腺会分泌挥发性臭味，从而引起敌害的呕吐反应，但这个猜测还没有得到完全证实。宽铗同蝽雌虫无尾铗。

绝句四首（其四）

（宋） 陈师道

书当快意读易尽，
客有可人期不来。
世事相违每如此，
好怀百岁几回开。

尖胸大红萤

学名：*Macrolycus flabellatus*（Motschulsky，1860）

分类地位：鞘翅目红萤科

分布：中国河南、吉林、内蒙古、台湾；朝鲜、日本、俄罗斯、蒙古。

形态特征：成虫体长11～13 mm。血红色。头、前胸背板中域、触角、各足黑色。前胸背板侧缘弧形，后角刺状，尖锐，略伸出鞘翅肩部；中纵脊明显。小盾片黑色。鞘翅狭长，中域有4条等间距的纵隆脉，在翅尖愈合。纵脉间有许多弱脉形成的网状小室。各足有1对爪，爪分裂为二齿状。

习性：林区灌丛间生活，生物学基础薄弱。

题青泥市萧寺壁

（宋） 岳飞

雄气堂堂贯斗牛，
誓将贞节报君仇。
斩除顽恶还车驾，
不问登坛万户侯。

麝凤蝶

学名：*Byasa alcinous*（Klug，1836）

分类地位：鳞翅目凤蝶科

分布：中国大部；日本、老挝、越南。

形态特征：成虫翅展76~82 mm。翅多呈灰褐色，前翅中室和翅脉间均有深黑色纵条纹；后翅外缘有7个红斑，有些个体红斑不明显，略呈新月形。尾突修长，呈弯匙状。

习性：危害马兜铃属植物。

菩萨蛮·书江西造口壁

（宋）辛弃疾

郁孤台下清江水，中间多少行人泪。
西北望长安，可怜无数山。
青山遮不住，毕竟东流去。
江晚正愁余，山深闻鹧鸪。

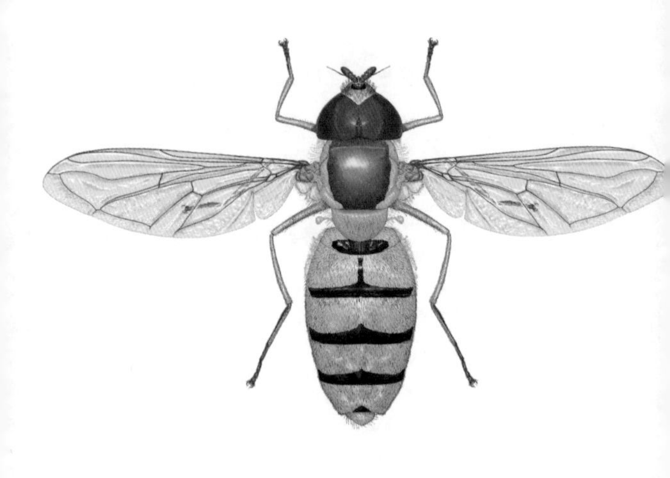

银白狭口蚜蝇

学名：*Asakina salviae*（Fabricius，1794）

分类地位：双翅目食蚜蝇科

分布：中国河南、北京、华东、四川、广西。

形态特征：成虫体长14～15 mm。体黄色。触角黄褐色。胸部黄色，背面中央有1个黑色大斑；足黄褐色，跗节黑色；翅无色透明，前缘略呈黄色。腹部长椭圆形，橘黄色，各节末端有黑色横带。

习性：成虫访花，幼虫以蚜虫为食。

江楼感旧

（唐） 赵嘏

独上江楼思渺然，
月光如水水如天。
同来望月人何处？
风景依稀似去年。

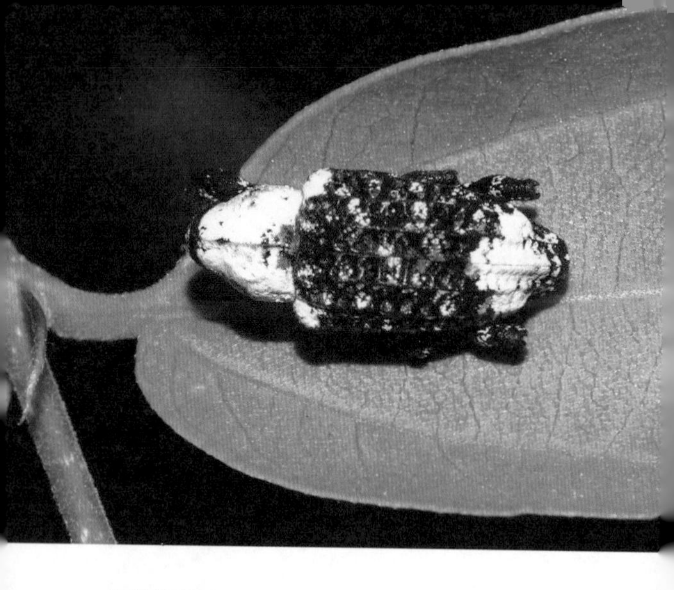

臭椿沟眶象

学名：*Eucryptorrhynchus brandti*（Harold，1881）

分类地位：鞘翅目象甲科

分布：中国东北、华北、华东、华中、西南。

形态特征：成虫体长约11.5 mm。体黑色。头部延长呈象鼻状，触角膝状。额头部布有小刻点；前胸背板和鞘翅上密布粗大刻点；前胸前窄后宽。前胸背板、鞘翅肩部及端部有白色鳞片形成的大斑，稀疏掺杂红黄色鳞片。

习性：1年发生1代，以幼虫在树干内越冬，也有部分成虫在树干周围土下越冬。成虫产卵于臭椿树皮下，幼虫蛀干危害，飞翔力差，自然扩散靠成虫爬行。

四时田园杂兴六十首（其二十五）

（宋） 范成大

梅子金黄杏子肥，
麦花雪白菜花稀。
日长篱落无人过，
惟有蜻蜓蛱蝶飞。

七星瓢虫

学名：*Coccinella septempunctata* Linnaeus，1758

分类地位：鞘翅目瓢虫科

分布：海南以外的中国大部；印度、美国、东南亚、欧亚大陆。

七星瓢虫是怎样保护自己的呢?

七星瓢虫俗称“花大姐”，身体只有黄豆大小，身穿红色或橙黄色外套，上面点缀着七颗醒目的黑色斑点。它喜欢吃各种各样的害虫，一只瓢虫一天可以吃掉近百只蚜虫。但七星瓢虫的敌人也有很多，七星瓢虫有“装死”的本领，当它遇到强敌和危险时，会立即把足蜷缩起来，藏在肚子下，然后从树上落到地下“装死”，等危险过后再翻身飞走。除此之外，七星瓢虫身上的3对足关节上藏有它们的“化学武器”。当七星瓢虫遇到敌害侵袭时，能分泌出一种异臭和极苦的黄色液体，来阻止敌害捕食。

马上作

（明） 戚继光

南北驱驰报主情，
江花边草笑平生。
一年三百六十日，
多是横戈马上行。

涂色游戏：

发挥你的想象，给美丽的翅膀涂上颜色吧！

山雨

（元）偰逊

一夜山中雨，
林端风怒号。
不知溪水长，
只觉钓船高。

蕾鹿蛾

学名：*Amata germana*（Felder，1862）

分类地位：鳞翅目灯蛾科

分布：中国华北、华中、华南、西南。

形态特征：成虫体长9～12 mm，黑褐色。额橙黄色，触角线状，黑褐色，端部1/5黄白色。前、后胸有橙黄斑；腹部各节有橙黄色横带。前翅有5个斑，均较狭长，其中亚外缘中部斑内翅脉显著。后翅极小，中域有1个不规则透明斑。

习性：1年发生3代，以幼虫越冬。

论诗五首（其二）

（清） 赵翼

李杜诗篇万口传，
至今已觉不新鲜。
江山代有才人出，
各领风骚数百年。

小环蛱蝶

学名：*Neptis sappho*（Pallas，1771）

分类地位：鳞翅目蛱蝶科

分布：中国东北、河南、陕西、台湾、北京等。

形态特征：翅展45 mm。翅面黑色，斑纹白色，有1条白色纵纹位于前翅中室，呈断续状；翅反面棕红色。端部呈三角形，中间区域内的白斑呈现出弧形排列。1条白色细纹位于前翅基部沿外缘至中室三角形斑区域，后翅横带两侧无黑褐色外围线。

习性：成虫飞行缓慢，擅长滑翔；吸食花粉、花蜜、植物汁液。

锦云川

（清） 毕沅

月华霞彩映晴川，

潋滟波光夺目妍。

试唤乌篷乘兴去，

一篙撑上水中天。

分异发丽金龟

学名：*Phyllopertha divers* Waterhouse，1875

分类地位：鞘翅目丽金龟科

分布：中国东北、华北；朝鲜、日本。

形态特征：成虫体长9～11 mm。长椭圆形，雌雄斑型差异大。雄虫头及前胸背板黑色，鞘翅褐色为主。雌虫头、前胸背板褐色，有数个大型黑斑，头部并列2个，前胸4个横列一排，中大侧小。触角9节。前胸背板后缘中部弧形后凸；前足基节之间无垂突。中胸腹突三角形，较短。前足胫节内缘有1个距。

习性：成虫取食玉米、高粱、大豆叶片，幼虫危害不明。

狱中题壁

（清） 谭嗣同

望门投止思张俭，
忍死须臾待杜根。
我自横刀向天笑，
去留肝胆两昆仑。

草地贪夜蛾

学名：*Spodoptera frugiperda*（Smith，1797）

分类地位：鳞翅目夜蛾科

分布：原产于美洲，现已扩散至非洲、亚洲等地。

形态特征：成虫体长15～20 mm，前翅深棕色，后翅白色，边缘有窄褐色带。雌蛾偏暗，前翅呈灰褐色或灰色棕色杂色，环形纹和肾形纹均不明显，轮廓线黄褐色。雄蛾前翅灰棕色，翅顶角向内各有1个泛蓝的大型白斑，环状纹灰白色，显著，后侧各有1条浅色带，自翅外缘至中室；肾形斑的边缘由浅色线和黑色线共同组成，肾形斑内靠近外侧边框有一个小的“V”形白色斑。雄蛾前足基节基部内侧还有1丛长毛，雌虫无。

习性：近年传入中国，严重危害玉米，幼虫取食叶片及穗轴。

对酒

（清） 秋瑾

不惜千金买宝刀，
貂裘换酒也堪豪。
一腔热血勤珍重，
洒去犹能化碧涛。

拼图游戏：

剪下藏在书中的24张局部图片（下图），
拼成一幅完整的图画吧！

闻王昌龄左迁龙标遥有此寄

（唐） 李白

杨花落尽子规啼，
闻道龙标过五溪。
我寄愁心与明月，
随风直到夜郎西。

大紫蛱蝶

学名：*Sasakia charonda*（Leech，1892）

分类地位：鳞翅目蛱蝶科

分布：东亚地区广泛分布。

大紫蛱蝶为什么会如此“重口味”呢?

它是一种大型蝶种，雄蝶翅膀边缘为黑色，中间有深蓝色金属光泽，并伴有白色斑点点缀其中。雌蝶体型较大，但是没有蓝紫金属光泽，其他色泽花纹与雄蝶相似。众所周知，蝴蝶是喜食花蜜的，但大紫蛱蝶的喜好就有些“重口味”。成蝶尤其喜欢吸食腐烂的瓜果、树汁等，甚至是人和牲畜的粪便，对人类的臭豆腐也是情有独钟。其实，这是因为大紫蛱蝶需要补充身体内缺失的有机盐和氨基酸类物质，而这些物质在花蜜中没有，这就导致了它的“重口味”。

房兵曹胡马诗

（唐） 杜甫

胡马大宛名，锋棱瘦骨成。
竹批双耳峻，风入四蹄轻。
所向无空阔，真堪托死生。
骁腾有如此，万里可横行。

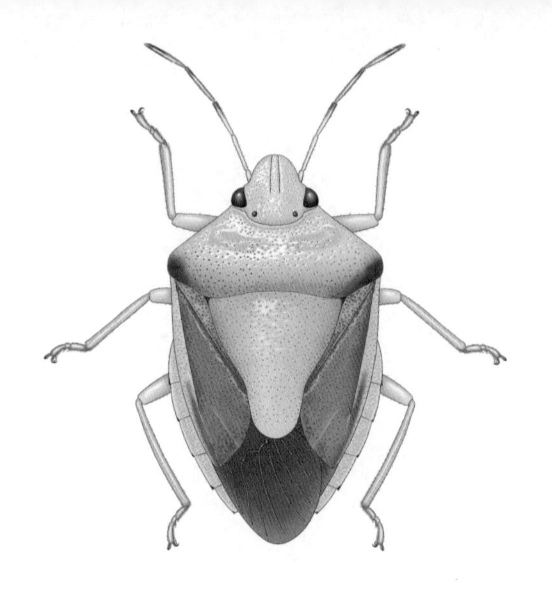

珀蝽

学名：*Plautia fimbriata*（Stål，1865）

分类地位：半翅目蝽科

分布：中国河南、北京、华东、四川、广西。

形态特征：成虫体长6～11 mm，宽5～6.5 mm。体碧绿色，具光泽，密布刻点。触角基部绿色，端部黄褐色；前胸背板侧角红褐色，小盾片末端淡黄色；前翅大部分暗红色，前缘绿色，膜片烟褐色。

习性：不完全变态。1年3代，成虫越冬，4月上中旬出现。

诫子书

（三国） 诸葛亮

夫君子之行，静以修身，俭以养德。非淡泊无以明志，非宁静无以致远。夫学须静也，才须学也，非学无以广才，非志无以成学。淫慢则不能励精，险躁则不能治性。年与时驰，意与日去，遂成枯落，多不接世，悲守穷庐，将复何及！

元参棘趾野螟

学名：*Anania verbascalis*（Denis et Schiffermüller, 1775）

分类地位：鳞翅目草螟科

分布：中国河南、河北、湖北、四川、贵州；日本、俄罗斯远东地区。

形态特征：翅展12～24 mm。黄褐色。翅基部和胸部背面淡黄褐色；翅面斑纹深褐色。前翅前缘带深褐色；中室圆斑和中室端脉斑之间有1个淡黄褐色的长方形斑；前中线出自前缘1/4处，略呈弧形达后缘1/3处；后中线出自前缘3/4处，在CuA_1脉后急剧内折至中室后角，然后伸达后缘2/3处。腹部背面浅黄褐色，各节后缘略白。

习性：完全变态。生物学基础研究薄弱。

竹里馆

（唐） 王维

独坐幽篁里，

弹琴复长啸。

深林人不知，

明月来相照。

乌桕大蚕蛾

学名：*Attacus atlas* Linnaeus，1758

分类地位：鳞翅目天蚕蛾科

分布：华中以南中国大部。

形态特征：翅展180～210 mm，赤褐色。触角羽状，黄褐色。前翅顶角显著突出似蛇头；前、后翅中央有透明斑，其内线和外线白色；内线的内侧和外线的外侧有紫红色镶边及棕褐色线，中间夹杂有粉红及白色鳞毛；中室端部有较大的三角形透明斑，外有黑色框；外缘黄褐色并有较细的黑色波状线；顶角粉红色，内侧近前缘有半月形黑斑块，下方土黄色并间有紫红色纵条，黑斑与紫条间有锯齿状白色纹相连。

习性：1年发生2代，以蛹越冬。幼虫食叶危害乌桕、樟、冬青、枫、榆、栓皮栎、合欢、柳、桦、小檗等林木。本种是国内最大的蛾类昆虫。

逢入京使

（唐） 岑参

故园东望路漫漫，
双袖龙钟泪不干。
马上相逢无纸笔，
凭君传语报平安。

庸肖毛翅夜蛾

学名：*Lagoptera juno* Dalman，1823

分类地位：鳞翅目夜蛾科

分布：中国东北、华北、华东、西南、西北、华中。

形态特征：成虫体长30～33 mm，翅展81～85 mm。体色棕褐色，前胸背面中央有1簇黄毛。前翅布细黑点，环纹为1个黑点，肾纹灰褐色，翅外缘有1列黑点；后翅黑色，端区红色，中部有粉蓝色钩形纹。腹部红色。

习性：1年发生2代。成虫有趋光性。

小池

（宋） 杨万里

泉眼无声惜细流，
树阴照水爱晴柔。
小荷才露尖尖角，
早有蜻蜓立上头。

西北豆芫菁

学名：*Epicauta flabellicornis*（Germar，1817）

分类地位：鞘翅目芫菁科

分布：中国华北、东北、华中、华东；东亚、越南。

形态特征：成虫体长12～18 mm。头大部为红色，触角基部的1对瘤突及眼内侧为黑色，前胸、鞘翅、各足全黑，有时翅外缘及端部有很狭的灰白毛。雌虫触角线形，约为前翅长的1/2；雄虫触角锯齿状，第4节的宽约为长的2倍。前胸背板狭于头和前翅，前窄后宽，侧缘弧形，后缘前方中纵沟较显著。鞘翅柔软，端缘弧形，鞘翅结合缝不达翅端，腹部末端露出。

习性：幼虫捕食蝗虫卵。

乌衣巷

（唐） 刘禹锡

朱雀桥边野草花，

乌衣巷口夕阳斜。

旧时王谢堂前燕，

飞入寻常百姓家。

拼图游戏：

剪下藏在书中的24张局部图片（下图），
拼成一幅完整的图画吧！

观刈麦

（唐） 白居易

田家少闲月，五月人倍忙。
夜来南风起，小麦覆陇黄。
妇姑荷箪食，童稚携壶浆。
相随饷田去，丁壮在南冈。
足蒸暑土气，背灼炎天光。
力尽不知热，但惜夏日长。
复有贫妇人，抱子在其旁。
右手秉遗穗，左臂悬敝筐。
听其相顾言，闻者为悲伤。
家田输税尽，拾此充饥肠。
今我何功德，曾不事农桑。
吏禄三百石，岁晏有余粮。
念此私自愧，尽日不能忘。

双斜线尺蛾

学名：*Megaspilates mundataria*（Stoll，1782）

分类地位：鳞翅目尺蛾科

分布：中国东北、华北、华中、华东；西亚、中亚、东亚。

夜幕中的尺蛾是如何躲避蝙蝠的？

蝙蝠是各种蛾子的天敌，视力极度退化，在夜空中高速飞行时，需要准确判断猎物的方位，就从喉部发出超声波，对蛾子的大小和远近进行侦察，等飞到较近距离时，超声波的频率会显著加强，以便准确判定猎物位置。聪明的尺蛾，因此进化出了腹部听器，和其他没有听器的蛾子相比，就像我们人类通过雷达可以提前发现敌机一样（通过监听蝙蝠定位超声波频率的变化来判断敌人的远近），早早采取逃避措施，飞到丛林里面隐藏起来了。

小儿垂钓

（唐） 胡令能

蓬头稚子学垂纶，
侧坐莓苔草映身。
路人借问遥招手，
怕得鱼惊不应人。

绿凤蝶

学名：*Graphium antiphates*（Cramer，1775）

分类地位：鳞翅目凤蝶科

分布：华中以南中国大部；印度、东南亚。

形态特征：翅展80 mm。翅淡黄色，斑纹黑色。前翅从前缘发出7条黑色带，外侧2条到达后缘附近。后翅色更浅，中带间无红色小点，反面斑纹隐约可见，外缘齿状，尾突黑色，长度略短于后翅长，中心淡黄白色，边缘淡黄色。

习性：成虫4—7月可见，喜在林间溪水边活动。

首夏山中行吟

（明） 祝允明

梅子青，梅子黄，
菜肥麦熟养蚕忙。
山僧过岭看茶老，
村女当垆煮酒香。

沙枣白眉天蛾

学名：*Hyles hippophaes*（Esper，1789）

分类地位：鳞翅目天蛾科

分布：中国西北、河南；俄罗斯、德国、西班牙。

形态特征：翅展60～75 mm。头部棕褐色两侧具白色鳞毛；前胸两侧有白色鳞毛，触角背面白色，腹面黄褐色；腹部1～3节两侧有明显的黑白相间斑纹；前翅前缘浅褐色，中室端有1个明显的小黑斑，亚外缘深褐色斑近三角形，内侧色较浓；翅基黑色，自顶角至后缘中部有由窄变宽的污白色斜条纹；后翅基部棕黑色，中部外线橙红色带较宽，外侧有较细的深褐色条纹，外缘浅褐色，臀角内侧有1个白斑，边缘模糊。

习性：幼虫危害沙枣等植物的叶片及嫩枝。

舟夜书所见

（清） 查慎行

月黑见渔灯，
孤光一点萤。
微微风簇浪，
散作满河星。

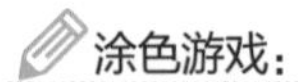

涂色游戏：

发挥你的想象，给美丽的翅膀涂上颜色吧！

采莲曲二首（其二）

（唐） 王昌龄

荷叶罗裙一色裁，

芙蓉向脸两边开。

乱入池中看不见，

闻歌始觉有人来。

标瑙夜蛾

学名：*Maliattha signifera* Walker，1857

分类地位：鳞翅目夜蛾科

分布：华北以南中国大部；朝鲜、日本、东南亚、大洋洲。

形态特征：翅展15~18 mm。体色杂乱，灰褐色为主，中带淡褐色，宽阔。亚缘线褐色，向后缘渐细，杂以黑斑；缘线细，黑色和褐色小段交错排列；外缘线与缘线之间灰褐色。肾纹白色，中央有2个黑点，外侧有1个黑褐色楔形纹，楔形纹周围有1条连通中带和亚缘带的褐色斑。后翅灰褐色，端区色深。

习性：成虫6—9月出现，具趋光性。幼虫取食莎草科植物。

乐游原

（唐） 李商隐

向晚意不适，
驱车登古原。
夕阳无限好，
只是近黄昏。

长尾尺蛾

学名：*Ourapteryx clara* Butler，1880

分类地位：鳞翅目尺蛾科

分布：华北以南中国大部；东南亚。

形态特征：翅展65～75 mm。白色，后翅臀角特别长。触角略超过前翅长的1/2。前翅前缘密布黑色细纹，端半稍稀。翅面散布少量灰色细纹，内外线中等粗细，灰黄色；中线较细，仅有端方1/3存在，灰黄色；前翅缘毛褐色，显著。后翅中部斜线灰黄色，其外侧和后缘端半部灰色细纹密集；臀角基部内侧有1个显著黑色圆点，圆点内上方有1条晕带，与外缘前段缘毛形成褐带贯连；臀角内侧缘毛褐色，显著。

习性：生活在1000 m以上山区，多见于竹林、混交林生境。

题临安邸

（宋） 林升

山外青山楼外楼，
西湖歌舞几时休？
暖风熏得游人醉，
直把杭州作汴州。

拼图游戏：

剪下藏在书中的24张局部图片（下图），
拼成一幅完整的图画吧！

离骚（节选）

（战国） 屈原

帝高阳之苗裔兮，朕皇考曰伯庸。

摄提贞于孟陬兮，惟庚寅吾以降。

皇览揆余初度兮，肇锡余以嘉名。

名余曰正则兮，字余曰灵均。

纷吾既有此内美兮，又重之以修能。

扈江离与辟芷兮，纫秋兰以为佩。

汩余若将不及兮，恐年岁之不吾与。

青辐射尺蛾

学名：*Iotaphora admirabilis* Oberthür，1883

分类地位：鳞翅目尺蛾科

分布：中国东北、河南、陕西、江西、台湾；朝鲜、俄罗斯。

与蝴蝶的美貌不相上下的蛾子

青辐射尺蛾全身呈现高级感十足的青灰色，翅膀上有非常亮丽的黄白色。头部、胸部后半部鲜黄色，腹部为青绿色，夹杂有白色细纹。正因为这高雅的颜色，有人便称它为“华丽尺蛾”。其实，在大自然中，蛾子的数量远远多于蝴蝶，但由于蝴蝶一般是在白天活动，飞蛾多在夜间活动，而且大多数蝴蝶都有着明亮且漂亮的颜色，故从古至今，蝴蝶都比飞蛾拥有更庞大的粉丝群体。

离骚（节选）

（战国）屈原

朝搴阰之木兰兮，夕揽洲之宿莽。
日月忽其不淹兮，春与秋其代序。
惟草木之零落兮，恐美人之迟暮。
不抚壮而弃秽兮，何不改乎此度？
乘骐骥以驰骋兮，来吾道夫先路。

中华虎甲

学名：*Cicindela chinensis*（De Geer，1774）

分类地位：鞘翅目虎甲科

分布：华北以南中国大部；朝鲜、日本。

形态特征：成虫体长18～22 mm。体具强烈金属光泽。头部和前胸背板前、后缘蓝绿色，前胸背板中部及两侧紫金色。鞘翅周缘为黄绿至翠绿色，偶有金或红色光泽。距翅基1/4处有1条横贯鞘翅缝的赭红色宽横带。每鞘翅有3个黄白色斑，前缘近基部有1个长圆形小斑，翅端部2/3有1个两端粗中间细的斜横斑，此斑偶有分裂为2个，在距翅端约1/5处有1个横的方圆形短斑。

习性：成虫善跳跃，捕食地表活动的各类节肢动物。幼虫生活在成虫挖掘的洞穴中，伏击途经洞口的猎物，可以前胸背板封闭洞口，保护自身。

敕勒歌

北朝民歌

敕勒川，阴山下，

天似穹庐，笼盖四野。

天苍苍，野茫茫，风吹草低见牛羊。

栎空腔瘿蜂

学名：*Trichagalma acutissimae*（Monzen，1953）

分类地位：膜翅目瘿蜂科

分布：中国华北。

形态特征：褐色，成虫体长3～4 mm。体毛较少。无性世代前翅径室长为宽的3.8倍，有性世代雌虫为3.6倍，雄虫为3.4倍。无性世代虫瘿球形，直径5~7 mm，多出现在栓皮栎叶正面。表面光滑，绿色、黄色、红色、红棕色都有，内部有1个单室，栗蓬状居中，瘿蜂幼虫在单室内取食，后期虫室增大，剖开后可见白色幼虫。

习性：1年发生2代，有性世代和无性世代交替出现。4月中下旬产卵于新萌发的栓皮栎叶片，5月上旬出现无性世代虫瘿，6月上旬达最多。6月上旬虫瘿开始脱落，7月中旬为脱落高峰，7月下旬脱落期结束。幼虫于9月上中旬在脱落小球内化蛹，成虫羽化后从圆形虫室进入球形虫瘿内，然后在球形虫瘿内咬1个直径约2 mm的圆形孔钻出。成虫11月上旬开始出孔，12月下旬结束。成虫仅有无性世代雌虫，在栓皮栎越冬花芽内产卵，翌年开花时，雄花序上产生有性世代虫瘿。成虫4月中下旬羽化出瘿，雌雄交配后在嫩叶叶脉产卵，刺激叶片产生虫瘿。

浣溪沙

（宋） 苏轼

游蕲水清泉寺，寺临兰溪，溪水西流。

山下兰芽短浸溪，松间沙路净无泥，潇潇暮雨子规啼。
谁道人生无再少？门前流水尚能西！休将白发唱黄鸡。

中华真地鳖

学名：*Eupolyphaga sinensis*（Walker，1868）

分类地位：蜚蠊目地鳖蠊科

分布：中国华北、华中、华东；蒙古、俄罗斯。

形态特征：成虫体长29～32 mm。雌雄异型，雌虫卵圆形，背隆起，无翅；雄具1对发达翅。雄虫体黄褐色，扁平。头、前胸、腹末较暗。头顶不外露，被前胸背板遮住。头顶处复眼间距宽于触角窝间距，触角窝间距宽于单眼间距。触角线形，长度超过前翅的1/2。前胸背板横椭圆形，最宽处在中部，前缘、侧缘和后缘均呈圆弧形，表面密布绒毛。

习性：腐生性，喜在阴暗潮湿、腐殖质丰富的土中活动，昼伏夜出，最适温度为26～32℃。全虫入药。

登幽州台歌

（唐） 陈子昂

前不见古人，
后不见来者。
念天地之悠悠，
独怆然而涕下！

陌夜蛾

学名：*Trachea atriplicis*（Linnacus，1758）

分类地位：鳞翅目夜蛾科

分布：中国东北、华北、华中、华东；东亚、中亚、欧洲。

形态特征：翅展48～52 mm。黑褐色。雄蛾触角线形，长约前翅的1/2。复眼无毛。头顶、中胸中带、后胸中域黄绿色。后胸周缘黑色。前后胸有分裂型毛簇；腹部背面有1列毛簇。足胫节着生长毛；前翅杂以不规则的黄绿斑，大小不一，在基线、内线、亚缘线、肾纹、环纹最显著；前翅中室后Cu_2脉上有白斑，止于外线，略大于肾形斑；白斑后方绿斑较暗；外缘锯齿形。

习性：1年发生1～2代，以蛹越冬。幼虫取食榆、酸模、月季、地锦、蓼等林木植物叶片及嫩枝。

望岳

（唐） 杜甫

岱宗夫如何？齐鲁青未了。

造化钟神秀，阴阳割昏晓。

荡胸生曾云，决眦入归鸟。

会当凌绝顶，一览众山小。

玫瑰巾夜蛾

学名：*Dysgonia arctotaenia*（Guenée，1852）

分类地位：鳞翅目夜蛾科

分布：华北以南中国大部；东亚、南亚、东南亚。

形态特征：成虫体长18～46 mm，体型雄小雌大，暗灰褐色。下唇须向上伸，第2节约达头顶。前翅有1条宽阔白色中带，直，其上布有细褐点，翅外缘灰白色；前缘近端部有白色细窄横带，长度约为中带宽度的1.5倍；前翅有副室，翅外缘微锯齿形。后翅有1条白色锥形中带，翅外缘中、后部白色，缘毛灰白色；中室约为翅长的1/3。前、后足胫节无刺，中足具刺。

习性：华东1年发生3代，以蛹土中越冬。幼虫取食玫瑰叶片及嫩枝、花蕾、花瓣。成虫吸食果实破损处的果汁。

登飞来峰

（宋） 王安石

飞来山上千寻塔，
闻说鸡鸣见日升。
不畏浮云遮望眼，
自缘身在最高层。

拼图游戏：

剪下藏在书中的24张局部图片（下图），
拼成一幅完整的图画吧！

游山西村

（宋）陆游

莫笑农家腊酒浑，丰年留客足鸡豚。
山重水复疑无路，柳暗花明又一村。
箫鼓追随春社近，衣冠简朴古风存。
从今若许闲乘月，拄杖无时夜叩门。

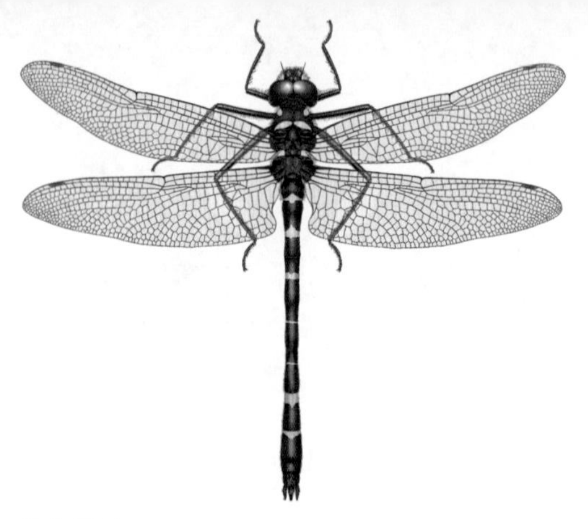

北京弓蜻

学名：*Macromia beijingensis* Zhu et Chen，2005

分类地位：蜻蜓目大蜻科

分布：中国华北、四川、西藏；除澳大利亚和南美洲外，全球广布。

北京弓蜻真的具有完美视力吗?

北京弓蜻飞翔能力强，特别是雨过天晴后活动更为频繁，在距地面较低的空间飞行。捕食飞行中的蚊、蝇、蛾及其他小型昆虫。这个种类的蜻蜓是2005年发现的新种。蜻蜓有2个复眼，复眼特别大，约占头部面积的2/3。每只复眼都是由成千上万只六边形的小眼紧密排列组合而成的，每个小眼都具有单独的光感受器，所以它们视力特别好。蜻蜓的眼睛对移动的物体特别敏感，用不了 0.01秒就能看清楚。整个眼睛也有分工，上半部分负责看远处的物体，下半部分负责看近处的物体，所以能使它在捕食时远近都能看，及时准确。但是如果你快速在蜻蜓的眼睛上下晃动，它就会目不暇接。

贾生

（唐） 李商隐

宣室求贤访逐臣，
贾生才调更无伦。
可怜夜半虚前席，
不问苍生问鬼神。

葡萄天蛾

学名：*Ampelophaga rubiginosa* Bremer et Grey, 1853

分类地位：鳞翅目天蛾科

分布：西北及西藏以外的中国大部；朝鲜、日本、尼泊尔、印度。

形态特征：翅展80～100 mm，体棕褐色。下唇须红棕色，基部鳞毛白色较长，端部尖锐；体背面有灰白色背线1条；前翅各横线暗红褐色，外线较粗且弯曲，亚外缘线波纹状较细，顶角内上方有1个较大的三角形斑；后翅外缘线暗红褐色至Cu_2处。

习性：幼虫寄主有葡萄、爬山虎、黄荆、乌蔹梅等植物。

泊秦淮

（唐） 杜牧

烟笼寒水月笼沙，
夜泊秦淮近酒家。
商女不知亡国恨，
隔江犹唱后庭花。

晓褐蜻

学名：*Trithemis aurora*（Burmeister，1839）

分类地位：蜻蜓目蜻科

分布：中国华中、华南、西南。

形态特征：体色紫红，额头有蓝黑色金属光泽；前胸背板后叶小，不显著。翅脉红色，翅基部有红褐斑，前翅三角室具横脉，三角室外方有翅室3行，翅痣下有2条横脉；后翅盘区在翅近端部几乎平行，不扩展。腹部宽扁，末节有小黑斑。

习性：经常栖息于旷野、池塘、河流等地。产卵在水中或水草上。

过松源晨炊漆公店（其五）

（宋） 杨万里

莫言下岭便无难，
赚得行人错喜欢。
政入万山围子里，
一山放出一山拦。

约马蜂

学名：*Polistes jokahamae*（Radoszkowski，1887）

分类地位：膜翅目胡蜂科

分布：中国华北、华东、华南；朝鲜、日本、南太平洋岛屿。

形态特征：成虫体长约22.1 mm。体呈黄色，略带黑色。头顶黑色，复眼棕黑色；单眼呈三角形；额部橙黄色，头顶部单眼后方有1对橙色黑斑。中胸盾片黑色为主，中部有2条平行黄色纵带。并胸腹节黑色为主，背部中域有2条并列黄斑。可见腹节第1、2节基部有大块黑斑，第2腹节中部细横带两侧弯曲，3～6腹节横带靠近基部，两侧亦弯曲。

习性：半社会性昆虫。1年发生2代，以鳞翅目幼虫为食。

悯农（其二）

（唐） 李绅

锄禾日当午，
汗滴禾下土。
谁知盘中餐，
粒粒皆辛苦？

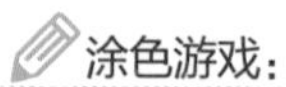

涂色游戏：

发挥你的想象，给美丽的翅膀涂上颜色吧！

村晚

（宋） 雷震

草满池塘水满陂，
山衔落日浸寒漪。
牧童归去横牛背，
短笛无腔信口吹。

鹰翅天蛾

学名：*Oxyambulyx ochracea* Butler，1885

分类地位：鳞翅目天蛾科

分布：中国华北、西北、华中、西南、华南、台湾等地。

形态特征：翅展125～130 mm；体翅黄褐色，复眼、胸侧及腹部第1节背部两侧黑褐色。触角褐色；前翅暗黄，顶角尖向外下方弯曲而形似鹰嘴，前缘有褐绿色圆斑2个；前翅外缘有长条形灰褐色斑，两端渐细；前翅后缘内凹明显，近臀角处尤甚；臀角内上方有褐绿色及黑色斑；前翅基部近后缘处有1个圆形显著黑斑，与腹部第1节两侧黑斑位置相当。后翅黄色。

习性：幼虫取食植物叶片及嫩梢。

客中初夏

（宋） 司马光

四月清和雨乍晴，
南山当户转分明。
更无柳絮因风起，
惟有葵花向日倾。

拼图游戏：

剪下藏在书中的24张局部图片（下图），
拼成一幅完整的图画吧！

陋室铭

（唐） 刘禹锡

山不在高，有仙则名。水不在深，有龙则灵。斯是陋室，惟吾德馨。苔痕上阶绿，草色入帘青。谈笑有鸿儒，往来无白丁。可以调素琴，阅金经。无丝竹之乱耳，无案牍之劳形。南阳诸葛庐，西蜀子云亭。孔子云：何陋之有？

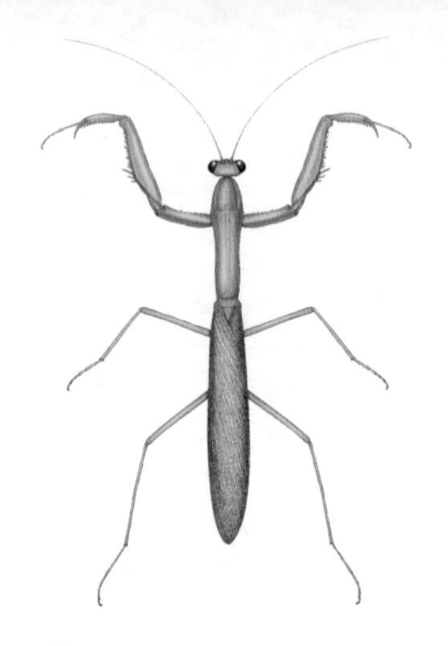

中华大刀螳

学名：*Tenodera sinensis*（Saussure，1871）

分类地位：螳螂目螳科

分布：中国陕西、华东、华南、西南。

中华大刀螳的“大刀”有什么用处呢？

中华大刀螳体形修长，比广斧螳略大，体色绿色或褐色。那么为什么它叫大刀螳呢？其实螳螂的两把“大刀”是由螳螂的前足特化形成的，是用来捕捉猎物的最佳工具。这两把“大刀”也并不简单，它有着十分灵活的三段结构：首先是从前胸伸出的圆柱形的“长杆”，在“长杆”的顶端各挂着一把开合自如的“剪刀”，“剪刀”的内侧还长有锋利的刺齿。螳螂的这种特殊的前足构造，在昆虫学上有一个专有的名词叫捕捉足。凭借如此灵活的武器，螳螂不用怎么移动身体，就能轻而易举地捕捉到身边的猎物。

梁甫行

（魏） 曹植

八方各异气，千里殊风雨。
剧哉边海民，寄身于草野。
妻子象禽兽，行止依林阻。
柴门何萧条，狐兔翔我宇。

镶黄蜾蠃

学名：*Oreumenes decoratus*（Burmeister，1839）

分类地位：膜翅目蜾蠃科

分布：中国河南、东北、华北、华东、四川、广西。

形态特征：成虫前翅翅展约47 mm。体黑色，颅顶部为黑色，额大部为黑色，但两触角窝之间呈明显脊状的隆起处为黄色；头部复眼内侧凹入。前胸及肩板赭红色；腹部第1可见腹节显著收缩，其他腹节显著膨大，中部有暗红横带。

习性：雌虫产卵时才筑巢，1室1卵。

渡荆门送别

（唐） 李白

渡远荆门外，来从楚国游。
山随平野尽，江入大荒流。
月下飞天镜，云生结海楼。
仍怜故乡水，万里送行舟。

棉小造桥虫

学名：*Anomis flava*（Fabricius，1775）

分类地位：鳞翅目夜蛾科

分布：新疆以外中国广泛分布；欧洲、亚洲、非洲。

形态特征：成虫头胸橘黄色，腹背面灰黄色至黄褐色。触角雄虫栉齿状，雌虫丝状。前翅外缘近顶角处内凹，中横线基侧一半金黄色，密布赤褐色小点；亚基线、中横线、外横线、亚缘线不平直；外横线后半较模糊；缘线深褐色，较其他线宽阔。

习性：黄河流域1年发生3～4代。幼虫取食棉花叶片，严重影响棉花产量，也可危害木槿、冬葵、蜀葵、黄麻、烟草等植物。

古诗十九首（其九）

（魏晋） 无名氏

庭中有奇树，绿叶发华滋。
攀条折其荣，将以遗所思。
馨香盈怀袖，路远莫致之。
此物何足贵？但感别经时。

葡萄缺角天蛾

学名：*Acosmeryx naga*（Moore，1858）

分类地位：鳞翅目天蛾科

分布：中国东北、华北、华中；日本、朝鲜、印度。

形态特征：翅展80～110 mm，体灰褐色。下唇须灰褐色；胸背两侧各有2个棕黑斑块，腹部各节均有棕黑色带；前翅各横线深棕色，顶角内方有1个明显的深棕色三角形斑。后翅深褐色，后缘及臀角处浅灰色。

习性：幼虫寄主有葡萄、猕猴桃、爬山虎、葛藤等植物。

龟虽寿

（东汉） 曹操

神龟虽寿，犹有竟时；
腾蛇乘雾，终为土灰。
老骥伏枥，志在千里；
烈士暮年，壮心不已。
盈缩之期，不但在天；
养怡之福，可得永年。
幸甚至哉，歌以咏志。

毛锥歧角螟

学名：*Cotachena pubescens* Warren，1892

分类地位：鳞翅目草螟科

分布：中国华东、华中、西南、华南、台湾。

形态特征：翅展17~23 mm；体背黄白色；前翅黑褐色，中室中央有1个方形白斑，内侧有1个小白斑，中室端外侧有1个新月形白斑，中室后外方近后缘处有1圆形斑，各白斑的两侧颜色深，黑褐色或黑色；外缘线黑褐色，缘毛黄色；后翅外横线褐色。

习性：基础生物学不详。

劝学（节选）

（先秦） 荀子

君子曰：学不可以已。

青，取之于蓝，而青于蓝；冰，水为之，而寒于水。木直中绳，輮以为轮，其曲中规。虽有槁暴，不复挺者，輮使之然也。故木受绳则直，金就砺则利，君子博学而日参省乎己，则知明而行无过矣。

双叉犀金龟

学名：*Allomyrina dichotoma*（Linnaeus，1771）

分类地位：鞘翅目金龟科

分布：西北及西藏以外中国大部。

形态特征：成虫体长35~60 mm，长椭圆形。体栗褐色至黑褐色，被绒毛。触角10节，其中鳃片部3节。足粗壮。雌雄二型，雄虫头顶有1个发达的末端双分叉的叉突。前胸背板十分隆拱，中央有1个短壮的末端分叉的角突，伸向前方，正对头部叉突端部膨大部分的叉基；各足胫节外具强刺突。

习性：1年发生1代，以老熟幼虫土中越冬。幼虫在腐殖土木内生活，成虫喜食树木的汁液或熟透的水果，有趋光性。雄虫好斗，为了争夺领地、食物和交配权。

题西林壁

（宋） 苏轼

横看成岭侧成峰，
远近高低各不同。
不识庐山真面目，
只缘身在此山中。

拼图游戏：

剪下藏在书中的24张局部图片（下图），
拼成一幅完整的图画吧！

沁园春·雪

毛泽东

北国风光，千里冰封，万里雪飘。
望长城内外，惟余莽莽；
大河上下，顿失滔滔。
山舞银蛇，原驰蜡象，欲与天公试比高。
须晴日，看红装素裹，分外妖娆。

江山如此多娇，引无数英雄竞折腰。
惜秦皇汉武，略输文采；
唐宗宋祖，稍逊风骚。
一代天骄，成吉思汗，只识弯弓射大雕。
俱往矣，数风流人物，还看今朝。

稻棘缘蝽

学名：*Hygia opaca*（Uhler，1860）

分类地位：半翅目缘蝽科

分布：中国东部。

形态特征：成虫体长9.5～11 mm，宽2.8～3.5 mm，体黄褐色、狭长，刻点密布。头顶中央具短纵沟，头顶及前胸背板前缘具黑色小粒点。触角第1节较粗，长于第3节，第4节纺锤形。复眼褐红色，单眼红色。

习性：喜聚集在稻、麦、谷子的穗上吸食汁液，造成秕粒。

西江月 · 夜行黄沙道中

（宋） 辛弃疾

明月别枝惊鹊，清风半夜鸣蝉。
稻花香里说丰年，听取蛙声一片。
七八个星天外，两三点雨山前。
旧时茅店社林边，路转溪桥忽见。

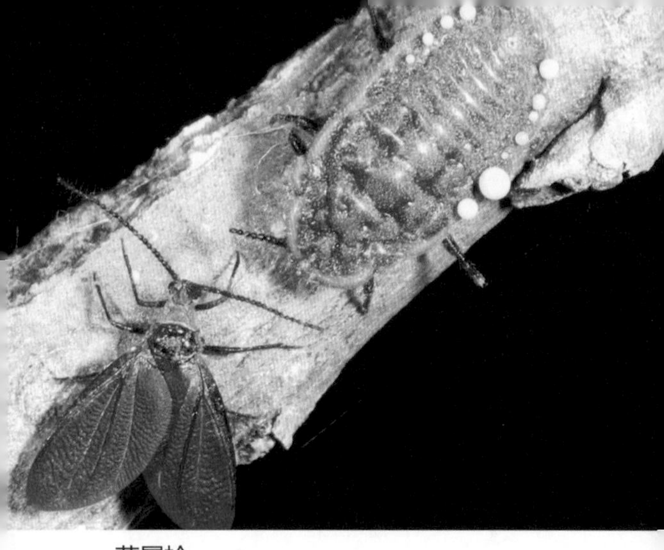

草履蚧

学名：*Drosicha corpulenta*（Kuwana，1902）

分类地位：半翅目绵蚧科

分布：中国河北、山西、山东、陕西、河南、青海、内蒙古、浙江、江苏、上海、福建、湖北、贵州、云南、重庆、四川、西藏等地；世界各地广泛分布。

形态特征：雌成虫体长10 mm左右，背面棕褐色，腹面黄褐色，被1层霜状蜡粉；触角8节，节上多粗刚毛；终生无翅；足黑色，粗大；体扁，沿身体边缘分节较明显，呈草鞋底状。雄成虫体紫色，长5~6 mm，翅展10 mm左右；翅淡紫黑色，半透明，翅脉2条，后翅小，退化为平衡棒；触角10节，呈念珠状，各节均有缢缩并环生细长毛。

习性：若虫和雌成虫常成堆聚集在腋芽、嫩梢、叶片和枝干上，吮吸汁液，造成植株生长不良，并可危害多种林木植物。

鄂州南楼书事四首（其一）

（宋） 黄庭坚

四顾山光接水光，
凭栏十里芰荷香。
清风明月无人管，
并作南楼一味凉。

大蜡螟

学名：*Galleria mellonella*（Linnaes，1758）

分类地位：鳞翅目螟蛾科

分布：世界性分布。

形态特征：灰白色。雄性翅展20 mm，雌性翅展27~28 mm。雄性下唇须短小，上弯，贴近额部。雌性下唇须细长，末端略向下斜伸至前方。触角丝状。前翅外缘内凹，无前缘褶和共鸣腔；雄性沿中室后缘有1列粗大的黑色鳞片，突出于翅面。雌性翅缰3根，雄性1根。足褐色。

习性：成虫怕光，夜间活跃。1年发生3~4代，幼虫以蜂巢内的蜡脾为食，在其中钻蛀，造成“白头蛹”，严重危害养蜂业。

过华清宫绝句三首（其一）

（唐） 杜牧

长安回望绣成堆，
山顶千门次第开。
一骑红尘妃子笑，
无人知是荔枝来。

黑点象天牛

学名：*Mesosa atrostigma* Gressitt，1942

分类地位：鞘翅目天牛科

分布：中国浙江、安徽、福建、广西、台湾。

形态特征：体长14～16 mm，黑褐色。触角长于体长，第2节最短，第3节最长；触角第3节起各节基部有白环，其他部分黑色。前胸背板中央有1对小瘤突，在其后方还有1个小瘤突；前胸侧缘及鞘翅肩部有刚毛；鞘翅散布白色及黑色斑纹，基部各有1个瘤突。各足胫节和跗节花斑状，杂以黄褐、黑、灰白等色。

习性：1年发生1代，幼虫蛀干危害洋槐、胡桃、山核桃、酸枣、梨、云南松等林木。

桂枝香·金陵怀古

（宋） 王安石

登临送目，正故国晚秋，天气初肃。千里澄江似练，翠峰如簇。征帆去棹残阳里，背西风，酒旗斜矗。彩舟云淡，星河鹭起，画图难足。

念往昔，繁华竞逐，叹门外楼头，悲恨相续。千古凭高对此，谩嗟荣辱。六朝旧事随流水，但寒烟衰草凝绿。至今商女，时时犹唱，后庭遗曲。

黑广肩步甲

学名：*Calosoma maximoviczi* Morawitz，1863

分类地位：鞘翅目步甲科

分布：中国华北、华中、华东；朝鲜、日本、俄罗斯。

形态特征：成虫体长29～30 mm。黑色。前胸较宽，两侧外缘呈弧形微翘；鞘翅有15条纵隆线。雄虫前足跗节第1～3节比雌虫宽大。

习性：1年发生1代，成虫越冬。喜地面活动，夜间捕食各种小型节肢动物。

过故人庄

（唐） 孟浩然

故人具鸡黍，邀我至田家。
绿树村边合，青山郭外斜。
开轩面场圃，把酒话桑麻。
待到重阳日，还来就菊花。

三线黄尺蛾

学名：*Hyperythra lutea*（Stoll，1781）

分类地位：鳞翅目尺蛾科

分布：中国山东、河北、河南、江苏。

形态特征：成虫体长12 mm左右，翅展33～40 mm。体翅土黄色。触角黄褐色，雌蛾丝状，雄蛾双栉状。头顶黄色，下唇须黄褐色，喙灰褐色。翅面满布褐色碎纹；前翅、后翅外缘锯齿状，有褐色细边，后翅外斜线外侧有1个近三角形黄褐色大斑。翅反面鲜黄色，有2条横线，前翅外线外侧均为褐色，后翅外线外侧褐斑色淡，距离翅缘较远。

习性：寄主为栎类。

赤壁

（唐） 杜牧

折戟沉沙铁未销，
自将磨洗认前朝。
东风不与周郎便，
铜雀春深锁二乔。

拼图游戏：

剪下藏在书中的24张局部图片（下图），
拼成一幅完整的图画吧！

渔家傲

（宋） 李清照

天接云涛连晓雾，星河欲转千帆舞。仿佛梦魂归帝所，闻天语，殷勤问我归何处。

我报路长嗟日暮，学诗谩有惊人句。九万里风鹏正举。风休住，蓬舟吹取三山去！

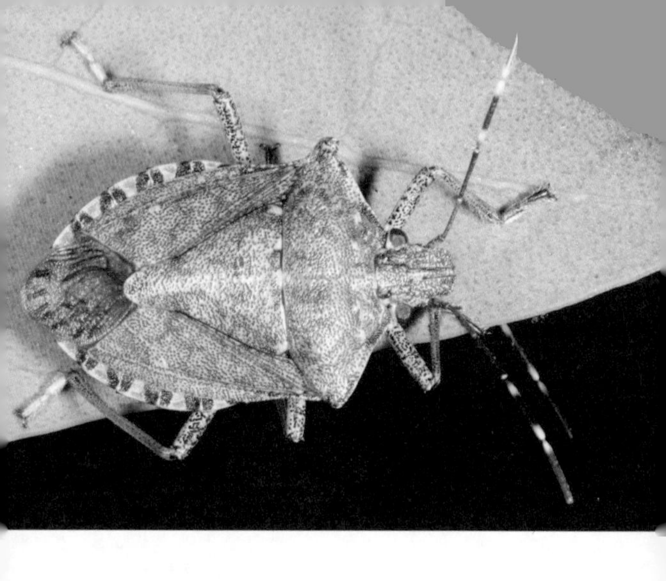

茶翅蝽

学名：*Halyomorpha halys*（Stål，1885）

分类地位：半翅目蝽科

分布：中国华北、东北、西北等地区。

茶翅蝽入侵美洲以后为什么会暴发成灾?

许多昆虫在原产地通常不会暴发成灾，这是因为原产地有多种天敌昆虫或其他天敌动物可以压制其暴发。随着国际贸易的发展，入侵昆虫如茶翅蝽在新的地区缺乏各种天敌对其制约，就可以迅速地大量繁殖，最后就暴发成灾了。同样的道理，美国白蛾原产于北美，现在在中国很多地方也都有暴发成灾的报道。

池上

（唐） 白居易

小娃撑小艇，
偷采白莲回。
不解藏踪迹，
浮萍一道开。

涂色游戏：

发挥你的想象，给美丽的翅膀涂上颜色吧！

浣溪沙（其四）

（宋） 晏殊

一曲新词酒一杯，去年天气旧亭台。夕阳西下几时回？

无可奈何花落去，似曾相识燕归来。小园香径独徘徊。

黑头伪叶甲

学名：*Lagria atriceps* Borchmann，1941

分类地位：鞘翅目伪叶甲科

分布：中国北京、湖北、四川、贵州、云南；缅甸。

形态特征：成虫体长8～9 mm。体密布刻点和绒毛，褐色；触角、足黑褐色。雄虫复眼较小，眼间距约为复眼的横径；触角节短粗，第5节明显短于前后2节，端节约等于前2节长之和的4/5。雌虫复眼显著小于雄虫，眼间距为复眼横径的2倍；触角末节等于前2节长度之和，第5节细小，第6～11节明显宽于第3～5节。头部圆，复眼处最宽，后缘细缩如颈部；头宽与前胸背板宽度接近；前足基节窝闭式。腹部5节，基部2～4节密结。鞘翅肩角显著，近端部最宽。

习性：山区丘陵等生境下灌木丛中常见。

答谢中书书

（南朝） 陶弘景

山川之美，古来共谈。高峰入云，清流见底。两岸石壁，五色交辉。青林翠竹，四时俱备。晓雾将歇，猿鸟乱鸣；夕日欲颓，沉鳞竞跃。实是欲界之仙都。自康乐以来，未复有能与其奇者。

长刺姬蜂虻

学名：*Systropus dolichochaetaus*（Du et Yang，2009）

分类地位：双翅目蜂虻科

分布：中国河南、北京、江西等。

形态特征：成虫体长17～18 mm。外观类似姬蜂，体黑色。额三角区黄色；触角第1节全黄，第3节全黑，第2节基半段黄色，端半段黑色，各节长度比为2∶1∶1.8。胸部两侧有4～5对黄色斑纹，背面可见；小盾片暗黑色。前翅灰褐色，横脉r-m位于端中室中部前方。前足橘黄色，仅跗节末端2节黑色；中足股节大部黑色，末端橘黄色；后足胫节大部黑色，端1/3黄褐色；腹部暗褐色，第1节黑色，侧扁。

习性：成虫访花，幼虫寄生或捕食鳞翅目、鞘翅目等昆虫的幼虫或蛹。

与朱元思书

（南朝） 吴均

风烟俱净，天山共色。从流飘荡，任意东西。自富阳至桐庐一百许里，奇山异水，天下独绝。

水皆缥碧，千丈见底。游鱼细石，直视无碍。急湍甚箭，猛浪若奔。

夹岸高山，皆生寒树，负势竞上，互相轩邈，争高直指，千百成峰。泉水激石，泠泠作响；好鸟相鸣，嘤嘤成韵。蝉则千转不穷，猿则百叫无绝。鸢飞戾天者，望峰息心；经纶世务者，窥谷忘反。横柯上蔽，在昼犹昏；疏条交映，有时见日。

褐边绿刺蛾

学名：*Parasa consocia* Walker，1863

分类地位：鳞翅目刺蛾科

分布：中国华北、东北、西北、华中、华南、西南等地区。

形态特征：成虫体长15～16 mm，翅展约36 mm。触角棕色，雄栉齿状，雌丝状；头胸部绿色；胸部中央有1条暗褐色背线。前翅大部分绿色，基部暗褐色，外缘部灰黄色；腹部和后翅灰黄色。各足褐色。

习性：寄主有大叶黄杨、苹果、梨、核桃、杨、柳等植物。

富贵不能淫

选自《孟子》

景春曰："公孙衍、张仪岂不诚大丈夫哉？一怒而诸侯惧，安居而天下熄。"

孟子曰："是焉得为大丈夫乎？子未学礼乎？丈夫之冠也，父命之；女子之嫁也，母命之，往送之门，戒之曰：'往之女家，必敬必戒，无违夫子！'以顺为正者，妾妇之道也。居天下之广居，立天下之正位，行天下之大道。得志，与民由之；不得志，独行其道。富贵不能淫，贫贱不能移，威武不能屈。此之谓大丈夫。"

中齿兜姬蜂

学名：*Dolichomitus mesocentrus*（Gravenhorst，1829）

分类地位：膜翅目姬蜂科

分布：中国华北、东北；朝鲜、日本、俄罗斯、欧洲。

形态特征：成虫体长约22.6 mm。体黑色，复眼黑色，周缘红棕色；单眼突出，呈三角形排列于颅顶部，周缘内凹；体相对细长。前翅小室较宽；小脉与基脉相对；后小脉在近中央上方1/3处曲折。产卵器约为前翅长的2倍。

习性：多寄生全变态类昆虫的幼虫或蛹。

关雎

选自《诗经·周南》

关关雎鸠，在河之洲。窈窕淑女，君子好逑。
参差荇菜，左右流之。窈窕淑女，寤寐求之。
求之不得，寤寐思服。悠哉悠哉，辗转反侧。
参差荇菜，左右采之。窈窕淑女，琴瑟友之。
参差荇菜，左右芼之。窈窕淑女，钟鼓乐之。

拼图游戏：

剪下藏在书中的24张局部图片（下图），
拼成一幅完整的图画吧！

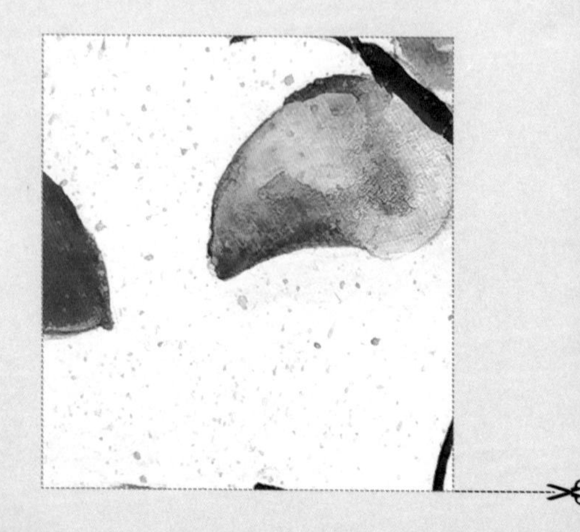

蒹葭

选自《诗经·秦风》

蒹葭苍苍，白露为霜。所谓伊人，在水一方。
溯洄从之，道阻且长。溯游从之，宛在水中央。
蒹葭萋萋，白露未晞。所谓伊人，在水之湄。
溯洄从之，道阻且跻。溯游从之，宛在水中坻。
蒹葭采采，白露未已。所谓伊人，在水之涘。
溯洄从之，道阻且右。溯游从之，宛在水中沚。

麦叶蜂（幼虫）

学名：*Dolerus tritici* Chu，1949

分类地位：膜翅目叶蜂科

分布：中国河南、河北、山西、山东、江苏、湖北、浙江、四川。

喜欢凉爽天气的麦叶蜂怎么过炎热的夏天？

5月上中旬以后，麦叶蜂幼虫已经成为老熟幼虫，落入土中，在土内结茧进行滞育越夏。待到9—10月天气变凉后，再继续发育，蜕去最后一次皮，成为蛹，然后开始休眠越冬。直到翌年2月下旬或3月上旬，蛹发育成熟，成虫羽化后，当天可进行交尾，交尾后的雌虫在挺身的小麦叶肉里产卵。经过2周左右，1龄幼虫就可孵化出来。麦叶蜂幼虫以麦叶为食，身体不断长大，先后蜕4次皮，至4月下旬成为5龄老熟幼虫。又会落入土中，开始新的越夏生活。

式微

选自《诗经·邶风》

式微式微，胡不归？
微君之故，胡为乎中露？
式微式微，胡不归？
微君之躬，胡为乎泥中？

中华草蛉

学名：*Chrysoperla nippoensis*（Okamoto，1914）

分类地位：脉翅目草蛉科

分布：西北和西藏以外的中国大部；蒙古、朝鲜、日本、俄罗斯、欧洲。

形态特征：成虫翅展约29 mm。体黄绿色；颊斑与唇基斑黑色各1对；复眼红铜色，具金属光泽；触角灰黄色，基部1节宽大；胸部两侧淡绿色，中央有黄色纵带；腹部有显色细毛。

习性：中华草蛉以成虫越冬，其越冬场所和栖息植物较为广泛。10月下旬开始越冬，越冬时体色由绿色变为黄绿色再变为褐色，最后变为土黄色。成虫和幼虫均以蚜虫等小型昆虫为食，是重要的天敌昆虫。

子衿

选自《诗经·郑风》

青青子衿，悠悠我心。
纵我不往，子宁不嗣音？
青青子佩，悠悠我思。
纵我不往，子宁不来？
挑兮达兮，在城阙兮。
一日不见，如三月兮！

梨娜刺蛾

学名：*Narosoideus flavidorsalis*（Staudinger，1887）

分类地位：鳞翅目刺蛾科

分布：中国华北、西北、东北、华中、华南等地区。

形态特征：成虫体长14~16 mm，翅展30~35 mm；头胸黄色，腹背黄褐色。雌虫触角丝状，雄虫触角羽毛状；前翅黄褐色至暗褐色，后缘基部1/3黄色，外缘为深褐色宽带，翅面散布银色鳞片；后翅褐色至棕褐色，缘毛黄褐色。

习性：以幼虫咀嚼叶片及嫩枝，危害枣、核桃、柿、枫杨、苹果等多种植物。

送杜少府之任蜀州

（唐） 王勃

城阙辅三秦，风烟望五津。

与君离别意，同是宦游人。

海内存知己，天涯若比邻。

无为在歧路，儿女共沾巾。

豹裳卷蛾

学名：*Cerace xanthocosma* Diakonoff，1950

分类地位：鳞翅目卷蛾科

分布：中国华东、西南；日本。

形态特征：翅展35~60 mm，体型雄小雌大。触角短于前翅长1/2。头部白色，触角节间毛丛黑色。胸部黑紫色，有少数白斑，后胸两侧各有一撮黄灰色长毛丛。腹部各节背面黄黑相间，腹面淡黄色。前翅紫黑色，遍布整齐排列的白色斑点和短条纹，前缘短横细斑成列，明显长于他部位斑点，翅中部偏前侧有1条锈红褐色条带由基部通向外缘，在近外缘处扩大呈三角形橘黄色及橙红色区，其前方翅外缘凹入明显。

习性：幼虫危害槭、槠、灰木、杈木、山茶、樟等植物叶片及嫩枝。

题破山寺后禅院

（唐） 常建

清晨入古寺，初日照高林。
竹径通幽处，禅房花木深。
山光悦鸟性，潭影空人心。
万籁此都寂，但余钟磬音。

角顶尺蛾

学名：*Menophra emaria* Bremer，1864

分类地位：鳞翅目尺蛾科

分布：中国华北、东北、西北、华中等地。

形态特征：前翅长15～19 mm。雄虫触角双栉形，雌虫线形；头顶和体背灰褐色。前后翅外缘均为锯齿形。翅底灰黄至浅灰褐色，散布深灰色碎纹；前翅基部和端部色较深，内线与外线黑色，极倾斜，外线上端伸达外缘顶角下方；前后翅缘线黑色，不完整；缘毛深灰褐色。

习性：华北5—9月可见成虫。

送友人

（唐） 李白

青山横北郭，白水绕东城。

此地一为别，孤蓬万里征。

浮云游子意，落日故人情。

挥手自兹去，萧萧班马鸣。

亮斑扁角水虻

学名：*Hermetia illucens*（Linnaeus，1758）

分类地位：双翅目水虻科

分布：中国广泛分布；世界温带以南分布。

形态特征：成虫体长12～18 mm。体黑色并有蓝紫色光泽。触角柄节与梗节等长；鞭节8节，末节宽扁，长度超过前方7节鞭节长度之和；触角全长与胸长接近。喙腹面黄白色。腹部可见5节，前端两侧各有1个白色半透明斑；前翅灰褐色，半透明，横脉m-Cu缺失，端中室向外缘发出4条中脉，棒翅黄白色。前、中足胫节黑色，后足胫节基半黄白色，端半黑色；各足跗节黄白色。

习性：俗称“黑水虻”，原产南美洲。幼虫腐生，喜食新鲜的鸡粪和猪粪。

卜算子·黄州定慧院寓居作

（宋） 苏轼

缺月挂疏桐，漏断人初静。
谁见幽人独往来，缥缈孤鸿影。
惊起却回头，有恨无人省。
拣尽寒枝不肯栖，寂寞沙洲冷。

绒星天蛾

学名：*Dolbina taqncrei* Staudinger，1887

分类地位：鳞翅目天蛾科

分布：中国东北、华北；日本、朝鲜、俄罗斯。

形态特征：翅展50～80 mm，体色灰褐至黑褐。前翅中室有1个明显白斑，腹部腹面中央有黑斑。

习性：幼虫取食女贞、榛、白蜡等林木树种。

晓出净慈寺送林子方

（宋） 杨万里

毕竟西湖六月中，
风光不与四时同。
接天莲叶无穷碧，
映日荷花别样红。

附突棺头蟋（若虫）

学名：*Loxoblemmus appendicularis* Shiraki，1930

分类地位：直翅目蟋蟀科

分布：中国华东、华南、台湾；东南亚。

形态特征：成虫体长12～16 mm。头部颜面斜截，后头有细长淡色纹，额突显著；侧单眼间有淡色横条纹；中单眼位于额突的腹面。前胸背板有绒毛，侧面中部略隆起；雄性前翅有镜膜，前足胫节内外侧有听器。后足股节极度发达，外侧有细斜纹，胫节背面有背距，产卵瓣剑状，细长。若虫灰褐色，体背斑驳，杂以细碎黄色、褐色、褐色细碎斑块。

习性：喜阴湿，栖息于旱田、苗圃、草丛、砖石、泥土或墙角，嗜食农作物的茎、叶、根和果实。

论语（节选）

（春秋） 孔子

子曰："学而时习之，不亦说乎？有朋自远方来，不亦乐乎？人不知而不愠，不亦君子乎？"（《学而》）

子曰："温故而知新，可以为师矣。"（《为政》）

子曰："学而不思则罔，思而不学则殆。"（《为政》）

涂色游戏：

发挥你的想象，给美丽的翅膀涂上颜色吧！

永遇乐·京口北固亭怀古

（宋） 辛弃疾

千古江山，英雄无觅，孙仲谋处。舞榭歌台，风流总被，雨打风吹去。斜阳草树，寻常巷陌，人道寄奴曾住。想当年，金戈铁马，气吞万里如虎。

元嘉草草，封狼居胥，赢得仓皇北顾。四十三年，望中犹记，烽火扬州路。可堪回首，佛狸祠下，一片神鸦社鼓。凭谁问：廉颇老矣，尚能饭否？

粉条巧夜蛾

学名：*Ataboruza divisa*（Walker，1862）

分类地位：鳞翅目夜蛾科

分布：中国河北、河南、江西、江苏、福建、海南、台湾；东南亚、澳大利亚、非洲。

形态特征：翅展17~19 mm。体背棕褐色，胸部背面大部及第1腹节白色，带弱红晕；前翅棕褐色，前缘有很宽的白色带，包含整个翅基，与体中段白色区域贯连。前翅缘线由黑点列组成。后翅棕色，基部白色。

习性：华北7—9月灯下可见成虫。幼虫寄主不明。

出师表（节选）

（三国） 诸葛亮

先帝创业未半而中道崩殂，今天下三分，益州疲弊，此诚危急存亡之秋也。然侍卫之臣不懈于内，忠志之士忘身于外者，盖追先帝之殊遇，欲报之于陛下也。诚宜开张圣听，以光先帝遗德，恢弘志士之气，不宜妄自菲薄，引喻失义，以塞忠谏之路也。

宫中府中，俱为一体，陟罚臧否，不宜异同。若有作奸犯科及为忠善者，宜付有司论其刑赏，以昭陛下平明之理，不宜偏私，使内外异法也。

斑脊长蝽

学名：*Tropidothorax cruciger*（Motschulsky，1859）

分类地位：半翅目长蝽科

分布：中国华北、西北、东北、华中、华南、西南等地区。

形态特征：成虫体长11～14 mm，体红黑相间，前胸背面有2个梯形黑斑，斑间及外缘为赤红色；翅折叠于背，革片有1三角形黑斑；膜区黑色，外缘有白色狭边。小盾片黑色。

习性：1年发生2代。翌年4月开始活动。寄主为药用植物白薇和耳叶牛皮消。

出师表（节选）

（三国） 诸葛亮

侍中、侍郎郭攸之、费祎、董允等，此皆良实，志虑忠纯，是以先帝简拔以遗陛下。愚以为宫中之事，事无大小，悉以咨之，然后施行，必能裨补阙漏，有所广益。

将军向宠，性行淑均，晓畅军事，试用于昔日，先帝称之曰能，是以众议举宠为督。愚以为营中之事，悉以咨之，必能使行阵和睦，优劣得所。

雪尾尺蛾

学名：*Ourapteryx nivea* Butler，1883

分类地位：鳞翅目尺蛾科

分布：中国华北、湖南、浙江、四川；日本。

形态特征：前翅25～35 mm。体翅白色。额和下唇须灰黄褐色；前翅顶角凸，外缘直。翅面碎纹灰色，细弱；前翅内、外线和后翅中部斜线浅灰色。后翅M_3上方有1个小红点，M_3下方有1个黑点；缘毛黄褐至深褐色。

习性：寄主有栓皮栎、冬青、朴等植物。

出师表（节选）

（三国） 诸葛亮

亲贤臣，远小人，此先汉所以兴隆也；亲小人，远贤臣，此后汉所以倾颓也。先帝在时，每与臣论此事，未尝不叹息痛恨于桓、灵也。侍中、尚书、长史、参军，此悉贞良死节之臣，愿陛下亲之信之，则汉室之隆，可计日而待也。

臣本布衣，躬耕于南阳，苟全性命于乱世，不求闻达于诸侯。先帝不以臣卑鄙，猥自枉屈，三顾臣于草庐之中，咨臣以当世之事，由是感激，遂许先帝以驱驰。后值倾覆，受任于败军之际，奉命于危难之间，尔来二十有一年矣。

角红长蝽

学名：*Lygaeus hanseni* Jakovlev，1983

分类地位：半翅目长蝽科

分布：中国华北、东北、西北等地区。

形态特征：成虫体长8～9 mm，黑色，被金黄色微毛。头顶基部至中叶中部有红色纵纹；头、触角、喙、胸部腹面、足黑色；前胸背板胝区后方、革片中部和爪片端各有1个圆形黑斑，膜片黑褐色，基部有不规则白色横纹，中央有1个圆白斑；腹部红色。

习性：危害十字花科植物及豆科牧草。

出师表（节选）

（三国） 诸葛亮

先帝知臣谨慎，故临崩寄臣以大事也。受命以来，夙夜忧叹，恐托付不效，以伤先帝之明，故五月渡泸，深入不毛。今南方已定，兵甲已足，当奖率三军，北定中原，庶竭驽钝，攘除奸凶，兴复汉室，还于旧都。此臣所以报先帝而忠陛下之职分也。至于斟酌损益，进尽忠言，则攸之、祎、允之任也。

拼图游戏：

剪下藏在书中的24张局部图片（下图），
拼成一幅完整的图画吧！

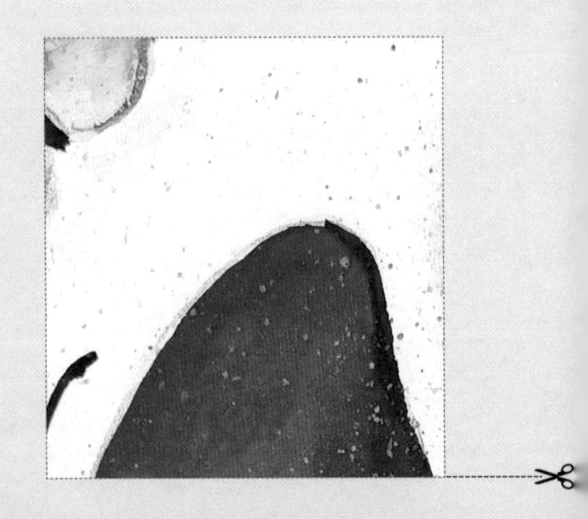

出师表（节选）

（三国）诸葛亮

愿陛下托臣以讨贼兴复之效；不效，则治臣之罪，以告先帝之灵。若无兴德之言，则责攸之、祎、允等之慢，以彰其咎。陛下亦宜自谋，以咨诹善道，察纳雅言，深追先帝遗诏。臣不胜受恩感激。今当远离，临表涕零，不知所言。

桑绢野螟

学名：*Glyphodes pyloalis*（Walker，1859）

分类地位：鳞翅目螟蛾科

分布：中国华东、西南、华中、台湾、华南。

桑绢野螟是怎样危害桑树，造成桑叶减产的?

冬天，气温骤降，桑绢野螟为了能安全地过冬，老熟幼虫就在桑树内部蛀孔，或者是找一个温暖的地方，比如桑树皮裂缝中、束草内及附近房屋墙缝内结薄茧，等到翌年5月，蛹便化成了漂亮的飞蛾成虫。成虫产卵于桑叶的叶背，慢慢成长为幼虫，幼虫在桑树叶片上吐丝卷叶并藏在里面吃叶肉，严重时只残留叶柄和上表皮，形成透明的灰褐色薄膜，最后破裂成孔，称“破天窗”，最终造成桑叶减产。

酬乐天扬州初逢席上见赠

（唐） 刘禹锡

巴山楚水凄凉地，二十三年弃置身。
怀旧空吟闻笛赋，到乡翻似烂柯人。
沉舟侧畔千帆过，病树前头万木春。
今日听君歌一曲，暂凭杯酒长精神。

安钮夜蛾

学名：*Ophiusa tirhaca*（Cramer，1773）

分类地位：鳞翅目夜蛾科

分布：华北以南中国大部；东南亚、印度、澳大利亚、土耳其、欧洲、非洲。

形态特征：成虫体长约33 mm。头、胸部淡灰褐色。腹部红褐色。前翅大部绿色，内横线淡褐色外斜，环纹为1个小黑点。肾纹黑褐色，肾纹外侧翅前缘外侧2/5处有1个三角形褐斑。外横线淡褐色，中部微向外弯，其后端与内横线靠近。亚缘线褐色，其内侧衬黑边，前段外侧有2个齿形黑斑。亚缘线至翅外缘范围全部褐色。后翅黄褐色，亚外缘有1条暗褐色宽横带。

习性：幼虫取食石榴、漆树、柑橘等植物叶片及嫩枝。华北6—8月灯下可采到成虫。

念奴娇·赤壁怀古

（宋）苏轼

大江东去，浪淘尽，千古风流人物。

故垒西边，人道是，三国周郎赤壁。

乱石穿空，惊涛拍岸，卷起千堆雪。

江山如画，一时多少豪杰。

遥想公瑾当年，小乔初嫁了，雄姿英发。

羽扇纶巾，谈笑间，樯橹灰飞烟灭。

故国神游，多情应笑我，早生华发。

人生如梦，一樽还酹江月。

暗黑缘蝽

学名：*Hygia opaca* （Uhler，1860）

分类地位：半翅目缘蝽科

分布：中国华中、华东、山西、广西。

形态特征：成虫体长8.5～10 mm，腹部宽3.3～3.5 mm。体黑褐色。喙、触角第4节端部（除基节外）、各足基节和跗节及腹部侧接缘各节基部淡黄褐色。头背面鼓起，头顶宽于眼的3倍。

习性：不完全变态。吸食植物汁液，群聚危害。

忆秦娥·娄山关

毛泽东

西风烈，长空雁叫霜晨月。
霜晨月，马蹄声碎，喇叭声咽。

雄关漫道真如铁，而今迈步从头越。
从头越，苍山如海，残阳如血。

白斑迷蛱蝶

学名：*Mimathyma schrenckii* Ménétriès，1859

分类地位：鳞翅目蛱蝶科

分布：中国东北、华北、西北、西南；蒙古、俄罗斯、朝鲜。

形态特征：翅展70～85 mm，黑褐色。触角黑褐色，约为前翅长的1/2。正面前翅除前角和后缘附近有较小的白斑外，仅在中域有1条倾斜的白带，此带被黑褐色翅脉分割；后翅仅在中域有1个近乎圆形或椭圆形白色斑块；前后翅外缘均为锯齿状。反面前翅带斑和正面相似，臀角内侧增加1条红带，由中域斜带中部伸至后缘。后翅有大片的银白色斑块，在外线、外缘线有双色窄带，在臀角交叉；前缘外侧为1条红褐色窄带，和前述2条线上的带斑围成封闭区域，外侧红褐色，内侧黑褐色；翅脉灰褐色，在翅端封闭区内显著。

习性：林区路上常见种类。

所见

（清） 袁枚

牧童骑黄牛，
歌声振林樾。
意欲捕鸣蝉，
忽然闭口立。

猫眼尺蛾

学名：*Prodlepsis superans*（Butler，1885）

分类地位：鳞翅目尺蛾科

分布：中国华北、华中、辽宁、陕西、台湾、西藏。

形态特征：雄虫体长13～14 mm，雌虫略大。头棕褐色，复眼黑褐色。前后翅银白色。雄虫触角锯齿状具纤毛簇，雌虫线形具短纤毛，浅褐色。头顶白色。胸背部覆有白色鳞毛，腹背白色。前后翅中央各有1个大型眼斑，下方各有1小黑斑，连接于翅后缘。前翅大型眼斑外围褐色，中域黑色，瞳斑弧形。以上各斑散布银碎粉斑。足棕褐色，腿节内侧有白色绒毛。

习性：寄主为鼠李。成虫白天栖息，飞翔能力弱。

咸阳城东楼

（唐）许浑

一上高城万里愁，蒹葭杨柳似汀洲。
溪云初起日沉阁，山雨欲来风满楼。
鸟下绿芜秦苑夕，蝉鸣黄叶汉宫秋。
行人莫问当年事，故国东来渭水流。

箭环蝶

学名：*Stichophthalma howqua* Westwood，1851

分类地位：鳞翅目环蝶科

分布：中国海南、云南、广东、广西、四川等地。

形态特征：翅展100～115 mm。翅橙黄色，前翅顶角黑色，前后翅外缘有1列黑色的鱼形斑纹，后翅的鱼斑更为肥硕；后翅臀角有1个黑色大斑。前翅Cu_1中部下方有1个淡色眼斑；后翅Sc中部下方有1个稍小淡色眼斑；M_3下方有半个淡色眼斑。

习性：1年发生1代，以幼虫越冬；常见于林间小路，飞行缓慢，喜食树汁和腐烂水果。寄主为竹类植物、油芒、棕榈等。

爱莲说

（宋）周敦颐

水陆草木之花，可爱者甚蕃。晋陶渊明独爱菊。自李唐来，世人甚爱牡丹。予独爱莲之出淤泥而不染，濯清涟而不妖，中通外直，不蔓不枝，香远益清，亭亭净植，可远观而不可亵玩焉。

予谓菊，花之隐逸者也；牡丹，花之富贵者也；莲，花之君子者也。噫！菊之爱，陶后鲜有闻。莲之爱，同予者何人？牡丹之爱，宜乎众矣。

拼图游戏：

剪下藏在书中的24张局部图片（下图），
拼成一幅完整的图画吧！

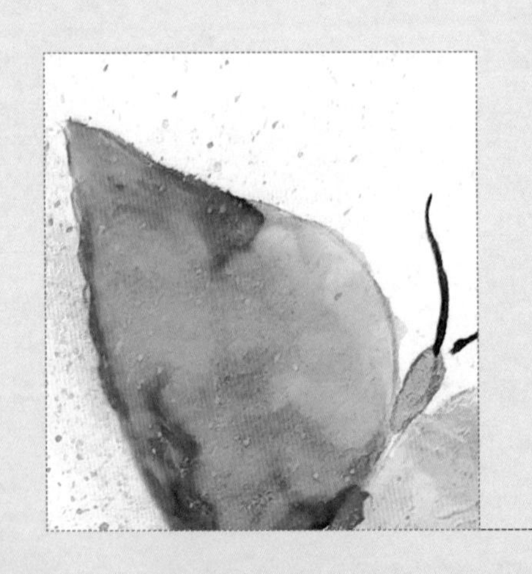

鹊桥仙

（宋） 秦观

纤云弄巧，飞星传恨，银汉迢迢暗度。
金风玉露一相逢，便胜却人间无数。
柔情似水，佳期如梦，忍顾鹊桥归路！
两情若是久长时，又岂在朝朝暮暮。

小黄长角蛾

学名：*Nemophora staudingerella*（Christoph，1881）

分类地位：鳞翅目长角蛾科

分布：中国东北、华北、湖北、贵州；日本、俄罗斯。

形态特征：翅展15～20 mm。雄蛾触角为体长的3倍以上，雌蛾约为1.5倍。翅近中部有1条黄色横带，内外侧各有1条窄细银灰色边，翅端半部有大片紫色斑块。

习性：为白天活动的蛾类。华北6—7月可见成虫。

小黄长角蛾的长触角有什么用处呢?

小黄长角蛾的识别特征在于其特别长的触角，就像是在头上绑了两根天线。触角是昆虫重要的感知器官，兼具昆虫嗅觉、触觉的功能，原因是触角上有很多感受器，可以感受行走中的障碍，感受同伴散发的信息素，感受空气中的温湿度、二氧化碳等变化，帮助小黄长角蛾选择食物、躲避危险、寻觅配偶等。

凉州词

（唐） 王翰

葡萄美酒夜光杯，
欲饮琵琶马上催。
醉卧沙场君莫笑，
古来征战几人回？

文蛱蝶

学名：*Vindula erota* Fabricius，1793

分类地位：鳞翅目蛱蝶科

分布：中国华中、西南；印度、东南亚。

形态特征：雄虫翅赭黄色，斑纹黑褐色，中域色淡。前翅顶角下方有2个黑色斑点，中室有3条横线，外缘顶角后方显著内凹，其后为弱锯齿状；亚缘线2条，内侧1条较平直，不如外侧波折显著；中室端外1条横带波折亦明显。后翅中室端外线直，M_1室、Cu_1室各有1个眼状纹，M_3脉外伸成尖锐的尾突，较钝。

习性：多在1500 m以上亚热带高山林区边缘活动。

宣州谢朓楼饯别校书叔云

（唐） 李白

弃我去者昨日之日不可留，

乱我心者今日之日多烦忧。

长风万里送秋雁，对此可以酣高楼。

蓬莱文章建安骨，中间小谢又清发。

俱怀逸兴壮思飞，欲上青天览明月。

抽刀断水水更流，举杯销愁愁更愁。

人生在世不称意，明朝散发弄扁舟。

金盏网蛾

学名：*Camptochilus sinuosus* Warren，1896

分类地位：鳞翅目网蛾科

分布：中国华东、华中、华南、四川。

形态特征：翅展27～28 mm。体黄褐色。前翅前缘拱起，呈弯曲形，前缘中部外侧有1个三角形褐斑，翅基褐色并有4条弧线。中室下方至后缘褐色晕斑，向外渐淡；晕斑上有不规则网纹。后翅基半褐色，有金黄色花蕊形斑纹。

习性：1年发生4代，4月下旬见成虫。幼虫取食植物叶片和嫩枝。

无题

（唐）　李商隐

相见时难别亦难，东风无力百花残。
春蚕到死丝方尽，蜡炬成灰泪始干。
晓镜但愁云鬓改，夜吟应觉月光寒。
蓬山此去无多路，青鸟殷勤为探看。

涂色游戏：

发挥你的想象，给美丽的翅膀涂上颜色吧！

雨霖铃

（宋） 柳永

寒蝉凄切，对长亭晚，骤雨初歇。都门帐饮无绪，留恋处，兰舟催发。执手相看泪眼，竟无语凝噎。念去去，千里烟波，暮霭沉沉楚天阔。

多情自古伤离别，更那堪，冷落清秋节。今宵酒醒何处？杨柳岸，晓风残月。此去经年，应是良辰好景虚设。便纵有千种风情，更与何人说？

人纹污灯蛾

学名：*Spilarctia subcarnea*（Walker，1855）

分类地位：鳞翅目灯蛾科

分布：中国华东、华南、华北、西南。

形态特征：成虫体长约20 mm，翅展40~55 mm。体、翅白色，腹部背面除基节与端节外皆红色，背面、侧面有1列黑点。前翅外缘至后缘有1斜列黑点，部分个体色斑变异，仅余后缘近中央的4个斜向排列的黑点，两翅合拢时呈“人”字形，后翅略染红色。

习性：中国华北地区1年发生2代，南方1年发生4代。卵成块产于叶背上。寄主有桑、木槿、豆科和十字花科植物。

乞巧

（唐） 林杰

七夕今宵看碧霄，
牵牛织女渡河桥。
家家乞巧望秋月，
穿尽红丝几万条。

龟纹瓢虫

学名：*Propylea japonica*（Thunberg，1781）

分类地位：鞘翅目瓢虫科

分布：西藏以外中国大部；东亚、南亚、东南亚。

形态特征：成虫体长3.5～4.7 mm。体卵形。头白色或黄白色，头顶黑色，雌额中部有1个黑斑，雄无。前胸背板白色或黄白色，基部中央有1个大型黑斑，黑斑的两侧中央常向外突出。鞘翅合并时斑纹如乌龟后背斑块形状。

习性：华北地区1年发生4～5代，以成虫越冬，3—11月可见。成虫、若虫取食多种蚜虫、蓟马等小型昆虫。

秋夕

（唐） 杜牧

银烛秋光冷画屏，
轻罗小扇扑流萤。
天阶夜色凉如水，
卧看牵牛织女星。

拼图游戏：

剪下藏在书中的24张局部图片（下图），

拼成一幅完整的图画吧！

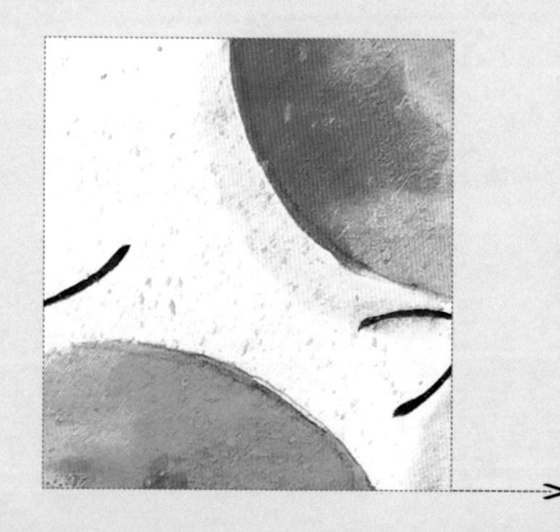

古诗十九首（其十）

（魏晋） 无名氏

迢迢牵牛星，皎皎河汉女。
纤纤擢素手，札札弄机杼。
终日不成章，泣涕零如雨。
河汉清且浅，相去复几许。
盈盈一水间，脉脉不得语。

铜绿异丽金龟

学名：*Anomala corpulenta* Motschulsky，1853

分类地位：鞘翅目丽金龟科

分布：中国东北、华北、华中、华东；蒙古、朝鲜。

铜绿异丽金龟触角有什么作用?

大多数金龟子的触角能够帮助它们感受周围的信息，遇到危险，也是先靠触角来试探，触角的灵敏度也决定了它们感受外界信息的精确度。铜绿异丽金龟的幼虫和蛹都在土中发育，羽化后需要从土中爬出，这种短小的触角可以方便其在土中爬行，不易折断。爬出地面后，展开触角末端的触角鳃片，便于接收更多气味，找到食物和交配对象。

六月二十七日望湖楼醉书

（宋） 苏轼

黑云翻墨未遮山，
白雨跳珠乱入船。
卷地风来忽吹散，
望湖楼下水如天。

灰带管蚜蝇

学名：*Eristalis cerealis* Fabricius，1805

分类地位：双翅目食蚜蝇科

分布：中国河南、东北、华东、内蒙古。

形态特征：成虫体长16～17 mm。黑褐色。头部呈半圆形，有很多短毛；有3个单眼位于头顶最上方的2个大椭圆形复眼之间，呈三角形排列。中胸黑色有光泽，具淡黄色粉被。腹部中域黄褐色，前后具2个“工”形黑斑，其余部分黑色。R脉与M脉之间有1条两端游离的伪脉。各足黄至褐色。

习性：成虫访花，幼虫以蚜虫为食。

破阵子·为陈同甫赋壮词以寄之

（宋） 辛弃疾

醉里挑灯看剑，梦回吹角连营。八百里分麾下炙，五十弦翻塞外声，沙场秋点兵。

马作的卢飞快，弓如霹雳弦惊。了却君王天下事，赢得生前身后名。可怜白发生！

玉米螟

学名：*Ostrinia furnacalis*（Guenée，1854）

分类地位：鳞翅目草螟科

分布：中国华北、东北、河南、四川、广西。

形态特征：成虫体长10～13 mm，翅展20～30 mm。体背黄褐色，腹末较瘦尖，触角丝状，灰褐色，前翅黄褐色，有两条褐色波状横纹，两纹之间有两条黄褐色短纹，后翅灰褐色；雌蛾形态与雄蛾相似，色较浅。

习性：幼虫钻蛀危害玉米茎秆，易造成倒伏，是玉米的主要害虫。也可钻入穗轴，对玉米产量直接造成损失。也可危害其他禾本科植物。

临江仙·夜登小阁，忆洛中旧游

（宋） 陈与义

忆昔午桥桥上饮，坐中多是豪英。长沟流月去无声。杏花疏影里，吹笛到天明。

二十余年如一梦，此身虽在堪惊。闲登小阁看新晴。古今多少事，渔唱起三更。

基胡蜂

学名：*Vespa basalis* Smith，1852

分类地位：膜翅目胡蜂科

分布：华北以南中国大部；南亚、东南亚。

形态特征：成虫体长约20 mm。头橘红色，单眼三角区棕褐色，触角橘红色至浅黄色；胸部橘红色，中胸盾片黑色（近后缘中域小型橘红斑除外），略显蓝色。翅半透明；腹部黑色，略泛蓝光；体密布刚毛。

习性：半社会型昆虫；捕食其他中小型节肢动物，进入冬季停止繁殖和采食。

太常引·建康中秋夜为吕叔潜赋

（宋） 辛弃疾

一轮秋影转金波，飞镜又重磨。把酒问姮娥：被白发，欺人奈何?

乘风好去，长空万里，直下看山河。斫去桂婆娑，人道是，清光更多。

黄边美苔蛾

学名：*Miltochrista pallida*（Bremer，1864）

分类地位：鳞翅目灯蛾科

分布：中国东北、西北、华东、华中、西南、华南、台湾。

形态特征：成虫体长7～8 mm，翅展18～26 mm。触角黄色；前翅黄褐色，亚前缘及外缘区有黄色宽带，前缘基部有黑边和1个黑色亚基点，中室横脉纹1个黑点，亚端线1列黑点；后翅淡黄色。

习性：华北6—8月灯下可见成虫。

十五从军征

选自《乐府诗集》

十五从军征，八十始得归。
道逢乡里人:“家中有阿谁？”
“遥看是君家，松柏冢累累。”
兔从狗窦入，雉从梁上飞。
中庭生旅谷，井上生旅葵。
舂谷持作饭，采葵持作羹。
羹饭一时熟，不知饴阿谁。
出门东向看，泪落沾我衣。

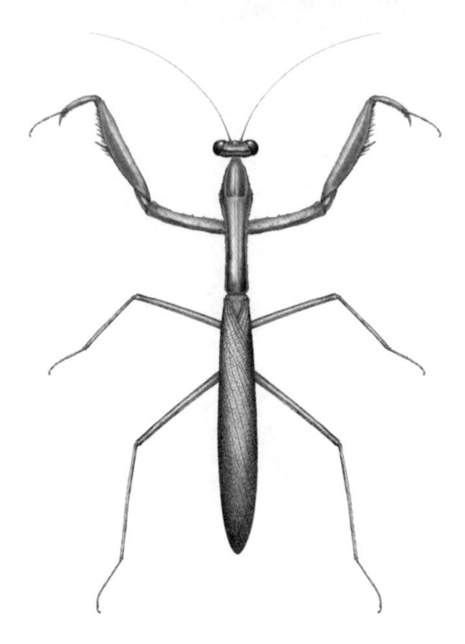

棕污斑螳

学名：*Statilia maculata*（Thunberg，1784）

分类地位：螳螂目螳科

分布：中国华北、华东、华中、华南、西南、台湾。

形态特征：成虫体长约52 mm。体暗褐色、灰褐色或浅绿色；头顶背面有1条黑色横带；前胸腹板近基节关节处有1条黑带；前足基节和股节内侧中央各有1黑斑。头部三角形，前胸狭长，菱形，侧缘具细齿。前足为捕捉足。

习性：河南1年发生1代，以卵鞘在灌木或杂草上越冬。

南乡子·登京口北固亭有怀

（宋） 辛弃疾

何处望神州？满眼风光北固楼。千古兴亡多少事？悠悠。不尽长江滚滚流。

年少万兜鍪，坐断东南战未休。天下英雄谁敌手？曹刘。生子当如孙仲谋。

拼图游戏：

剪下藏在书中的24张局部图片（下图），
拼成一幅完整的图画吧！

过零丁洋

（宋） 文天祥

辛苦遭逢起一经，干戈寥落四周星。
山河破碎风飘絮，身世浮沉雨打萍。
惶恐滩头说惶恐，零丁洋里叹零丁。
人生自古谁无死？留取丹心照汗青。

宽碧蝽

学名：*Palomena viridissima*（Poda，1761）

分类地位：半翅目蝽科

分布：中国西北、华北、黑龙江、山西、山东、云南。

宽碧蝽为什么满身都是小坑?

这些小坑都叫刻点。虫体全部都是刻点的现象在臭板虫中很常见。其真正的功能还不十分清楚，专家推测有2个可能性最大，一个是方便清洁，再一个是减少体表的反光，并且使反光更加不规则，这样可以更好地隐蔽自己。宽碧蝽全身墨绿，和树叶的颜色几乎一样，如果不动的话，在树林中是很难被发现的。这种昆虫受到惊吓后，会假装死亡，直接从树上掉到草堆里，等到敌害离开以后，再悄悄地逃走。

山坡羊·潼关怀古

（元） 张养浩

峰峦如聚，波涛如怒，山河表里潼关路。望西都，意踌躇。伤心秦汉经行处，宫阙万间都做了土。兴，百姓苦；亡，百姓苦！

苹掌舟蛾

学名：*Phalera flavescens*（Bremer et Grey，1852）

分类地位：鳞翅目舟蛾科

分布：西北及新疆以外的中国大部；日本、朝鲜、俄罗斯、缅甸。

形态特征：翅展33～70 mm。前翅黄白色，翅基有1个灰褐色小斑，近外缘有1列5个灰褐色斜斑，越接近后缘越大，各斑内侧黑色，约占1/3，这些黑色斑的外缘有新月形锈红色的小斑。

习性：幼虫取食苹果、杏、梨、桃、海棠、榆等植物的叶片和嫩枝。

渔家傲·秋思

（宋） 范仲淹

塞下秋来风景异，衡阳雁去无留意。

四面边声连角起，千嶂里，长烟落日孤城闭。

浊酒一杯家万里，燕然未勒归无计。

羌管悠悠霜满地，人不寐，将军白发征夫泪。

金凤蝶

学名：*Papilio machaon* Linnaeus，1758

分类地位：鳞翅目凤蝶科

分布：中国广泛分布。

形态特征：成虫前翅长38~42 mm；翅黄色，翅脉黑色。前翅外缘有黑色宽带，内嵌8个黄椭圆斑，中室中部和端部有2条短黑带。后翅外缘黑色宽带内嵌6个黄色新月形斑，其内方有蓝斑，臀角处有1个赭黄斑。本种分两型：春型，体型小；夏型，体型大。

习性：寄主有茴香等植物。

如梦令（其一）

（宋） 李清照

常记溪亭日暮，沉醉不知归路。兴尽晚回舟，误入藕花深处。争渡，争渡，惊起一滩鸥鹭。

二点委夜蛾

学名：*Athetis lepigone*（Moschler，1860）

分类地位：鳞翅目夜蛾科

分布：中国华北、华中；日本、朝鲜、俄罗斯。

形态特征：成虫体长10～12 mm，灰褐色。前翅具光泽；中室内的环纹为1个黑点；肾纹小，内缘中部有1个显著黑点，边缘较模糊，微凹入，其外有1个白点；翅外缘有1列黑点。后翅白色微褐，端区暗褐色。

习性：华北1年发生4～5代，第2代幼虫咬食夏玉米幼苗的根茎，危害玉米生产。

江城子·密州出猎

（宋） 苏轼

老夫聊发少年狂，左牵黄，右擎苍，锦帽貂裘，千骑卷平冈。为报倾城随太守，亲射虎，看孙郎。

酒酣胸胆尚开张。鬓微霜，又何妨！持节云中，何日遣冯唐？会挽雕弓如满月，西北望，射天狼。

涂色游戏：

发挥你的想象，给美丽的翅膀涂上颜色吧！

左迁至蓝关示侄孙湘

（唐）韩愈

一封朝奏九重天，夕贬潮州路八千。
欲为圣明除弊事，肯将衰朽惜残年！
云横秦岭家何在？雪拥蓝关马不前。
知汝远来应有意，好收吾骨瘴江边。

半亮虎步甲

学名：*Asaphidion semilucidum*（Motschulsky，1862）

分类地位：鳞翅目步甲科

分布：中国华北、华东；日本、朝鲜、俄罗斯。

形态特征：成虫体长3～5 mm。黑褐色，具金属光泽。触角长度与头、前胸长度和接近。前胸背板宽度与头宽接近，中纵沟明显，后角有1根长刚毛，侧缘中部稍前有1根更长的刚毛，后缘明显上翘。鞘翅上有多个大小不同的黑斑。

习性：春季4月为活动盛期，麦田周围杂草中活动，果园地表枯枝落叶下也很常见，以地面小型节肢动物为食。

江村即事

（唐） 司空曙

钓罢归来不系船，
江村月落正堪眠。
纵然一夜风吹去，
只在芦花浅水边。

拼图游戏：

剪下藏在书中的24张局部图片（下图），

拼成一幅完整的图画吧！

南安军

（宋） 文天祥

梅花南北路，风雨湿征衣。
出岭同谁出？归乡如此归！
山河千古在，城郭一时非。
饿死真吾志，梦中行采薇。

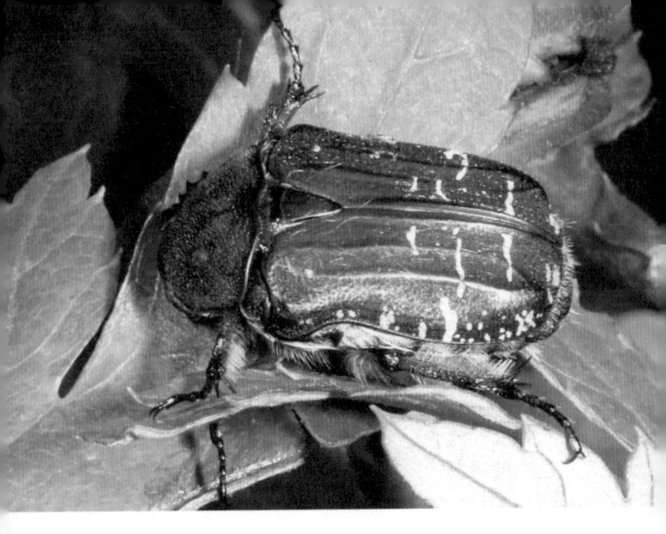

小青花潜

学名：*Oxycetonia jucunda* Faldermann，1835

分类地位：鞘翅目花金龟科

分布：西北和西藏以外的中国大部；朝鲜、日本、俄罗斯、东南亚。

形态特征：成虫体长12～14 mm。体色以铜绿为主，背面布满银白绒毛斑块，斑块大小不等。头黑褐色，触角鳃片部长于其前6节长之和。前胸背板前窄后宽，侧缘弧形外扩，后缘中段内弯，毛被浓密。鞘翅疏布弧形至马蹄形刻纹，毛被稀疏。臀板有4个白斑横列。前足胫节外缘有3个齿突，内缘距与中齿对生。

习性：1年发生1代，以幼虫越冬，成虫4—6月出现，白天在植物花器中取食，影响植物授粉和结果；幼虫以腐殖质为食。寄主有苹果、梨、海棠、胡萝卜、锦葵、玉米、大豆、葡萄等植物。

别云间

（明） 夏完淳

三年羁旅客，今日又南冠。
无限山河泪，谁言天地宽。
已知泉路近，欲别故乡难。
毅魄归来日，灵旗空际看。

光肩星天牛

学名：*Anoplophra glabripennis*（Motschulsky, 1854）

分类地位：鞘翅目天牛科

分布：新疆、西藏、黑龙江以外的中国大部；东亚、印度尼西亚、欧洲、北美。

形态特征：成虫体长18～39 mm，体黑色有光泽。头部中央具1纵沟。前胸侧缘具粗壮刺突。每鞘翅上散布大小不等的白色碎斑30余个。触角与各足蓝黑相间。

习性：北方1～2年发生1代，以幼虫越冬。幼虫喜蛀干危害多种树木，对人造林的经济效益和生态效益影响很大。

朝天子·咏喇叭

（明） 王磐

喇叭，唢呐，曲儿小腔儿大。官船来往乱如麻，全仗你抬声价。军听了军愁，民听了民怕。哪里去辨甚么真共假？眼见的吹翻了这家，吹伤了那家，只吹的水尽鹅飞罢！

杨二尾舟蛾

学名：*Cerura menciana* Moore，1877

分类地位：鳞翅目舟蛾科

分布：中国东北、华北、华东及长江流域；日本、朝鲜、俄罗斯。

形态特征：成虫体长28～30 mm，翅展75～80 mm，全体灰白色。前、后翅脉纹黑色或褐色，上有整齐的黑点和黑波纹，胸背面有对称排列的8或10个黑点。前翅外缘8个黑点成列。后翅白色，外缘有7个黑点。

习性：上海1年发生2代。以幼虫吐丝结茧化蛹越冬，主要危害杨树与柳树。

生于忧患，死于安乐

选自《孟子》

舜发于畎亩之中，傅说举于版筑之间，胶鬲举于鱼盐之中，管夷吾举于士，孙叔敖举于海，百里奚举于市。故天将降大任于是人也，必先苦其心志，劳其筋骨，饿其体肤，空乏其身，行拂乱其所为，所以动心忍性，曾益其所不能。

人恒过，然后能改；困于心，衡于虑，而后作；征于色，发于声，而后喻。入则无法家拂士，出则无敌国外患者，国恒亡。然后知生于忧患而死于安乐也。

黑缘红瓢虫

学名：*Chilocorus rubidus* Hope，1831

分类地位：鞘翅目瓢甲科

分布：中国华中、东北、华东、华北、西藏；东亚、南亚、大洋洲。

形态特征：成虫体长4.4～5.5 mm。体形近圆形，呈半球形拱起，背面光滑无毛。头暗褐色，无斑纹。复眼黑色，触角、口器褐色，但基部红色增加。鞘翅缘折黑色，鞘翅中缝黑色，内侧有巨大暗红色斑块，与鞘翅外缘和后缘的黑色部分分界不明显。

习性：取食朝鲜球坚蚧、白蜡虫等，是重要的果园天敌昆虫。

江南

（汉） 汉乐府

江南可采莲，莲叶何田田。鱼戏莲叶间。
鱼戏莲叶东，鱼戏莲叶西，鱼戏莲叶南，鱼戏莲叶北。

枣桃六点天蛾

学名：*Marumba gaschkewitschii*（Bremer & Grey, 1853）

分类地位：鳞翅目天蛾科

分布：中国东北、华北、西北、华中、华东。

形态特征：翅展80～120 mm，体及翅灰褐色，触角短栉状浅灰褐色，头胸背中央有1条深色纵脉；前翅近外缘部分黑褐色，边缘波状，后缘部分略深，近臀角处有1～2个黑斑其前方有1个黑点。内横线和外横线弯曲，中横线直，缘毛白色和赭色相间。后翅粉红色，近臀角处有2个黑斑，其前方色淡，或成1白斑。

习性：东北1年发生1代，华中发生2代。幼虫寄主有李、枣、梨、葡萄、枇杷等植物。

石壕吏

（唐） 杜甫

暮投石壕村，有吏夜捉人。老翁逾墙走，老妇出门看。

吏呼一何怒！妇啼一何苦！

听妇前致词：三男邺城戍。一男附书至，二男新战死。存者且偷生，死者长已矣！室中更无人，惟有乳下孙。有孙母未去，出入无完裙。老妪力虽衰，请从吏夜归。急应河阳役，犹得备晨炊。

夜久语声绝，如闻泣幽咽。天明登前途，独与老翁别。

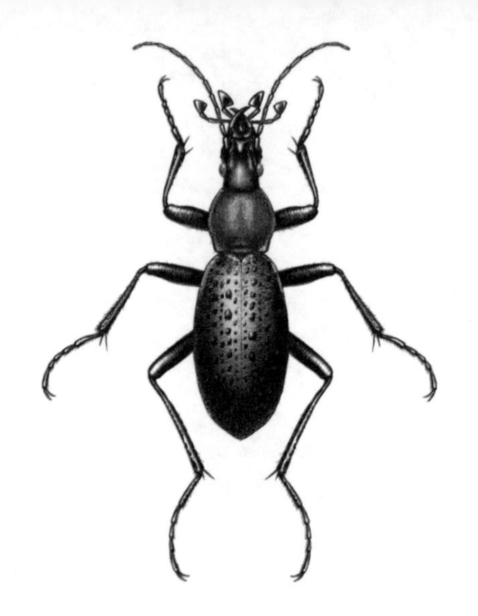

拉步甲

学名：*Carabus lafossei* Feisthamel，1845

分类地位：鞘翅目步甲科

分布：中国华北、华东。

形态特征：成虫体长约30 mm。体色鲜艳，翠绿色，有金属光泽。前胸红铜色。头较长，口须末节呈斧状；触角线形，长约为体长之半。鞘翅长卵圆形，每鞘翅有6行大小各异瘤突，偶数行瘤突较长大，奇数行瘤突短小。雄虫前跗节基部3节膨大。本种为我国二级保护动物。

习性：一般1年发生2代，以成虫越冬。成虫出现于5—10月，一般在夜晚林间地表活动，捕食鳞翅目昆虫的幼虫。

劝学

（唐） 颜真卿

三更灯火五更鸡，
正是男儿读书时。
黑发不知勤学早，
白首方悔读书迟。

拼图游戏：

剪下藏在书中的24张局部图片（下图），
拼成一幅完整的图画吧！

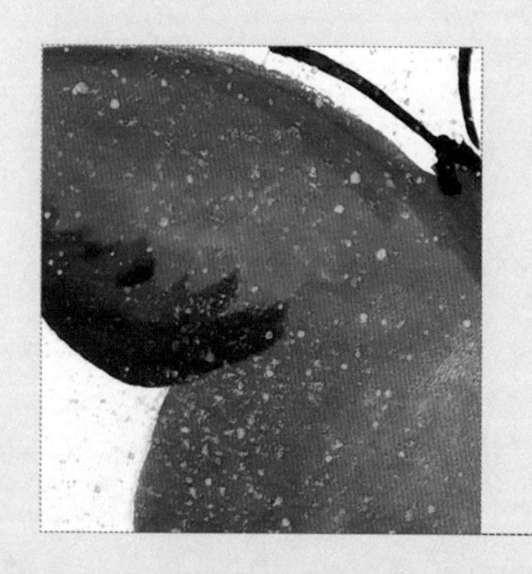

望洞庭湖赠张丞相

（唐） 孟浩然

八月湖水平，涵虚混太清。
气蒸云梦泽，波撼岳阳城。
欲济无舟楫，端居耻圣明。
坐观垂钓者，徒有羡鱼情。

意大利蜜蜂（工蜂）

学名：*Apis mellifera ligustica*（Spinola，1806）
分类地位：膜翅目蜜蜂科
分布：中国广泛分布；世界广泛分布。

中华蜜蜂和意大利蜜蜂有什么区别?

现如今，中国主要养殖中华蜜蜂和意大利蜜蜂两种。中华蜜蜂是中国本土蜜蜂，意大利蜜蜂是外国品种的蜜蜂，意大利蜜蜂体型较大，每日采集花蜜的时间虽然没有中华蜜蜂时间长，但意大利蜜蜂的产量高，既能生产蜂王浆，又能生产蜂胶，而且不易分家。而中华蜜蜂就容易分家，容易打架，蜂巢内没有蜂胶，对蜂螨的耐受力强，适于山区、丘陵等胡蜂敌害较多的地区。但意大利蜜蜂飞行时容易被袭击，而且抗病能力一般，还易受蜂螨的危害。总的来说，这两种蜜蜂是中国主要产蜜蜂，为中国蜂蜜产业的产出做出了极大的贡献。

望洞庭

（唐） 刘禹锡

湖光秋月两相和，
潭面无风镜未磨。
遥望洞庭山水翠，
白银盘里一青螺。

梵文菌瓢虫

学名：*Halyzia sanscrita* Mulsant，1853

分类地位：鞘翅目瓢虫科

分布：中国华北、华中、华东、华南、西南；尼泊尔、印度。

形态特征：成虫体长5～6 mm。黄褐色。卵形，体背隆起较弱。下颚须端节斧形，宽为长的2倍。触角短，小于前胸背板长度。前胸背板前缘微内凹，遮盖复眼全部，多有5个黄斑，前方2个常扩大愈合为1个宽阔大斑（中域透明，可见复眼）。前胸腹板突不达前缘。中胸腹板前缘稍内凹。小盾片黄褐色。鞘翅每侧10～11个黄斑，底色褐色。

习性：成虫、幼虫均取食真菌孢子。

相见欢

（五代） 李煜

无言独上西楼，月如钩。

寂寞梧桐深院锁清秋。

剪不断，理还乱，是离愁。

别是一般滋味在心头。

豆荚斑螟

学名：*Etiella zinckenella*（Treitschke，1832）

分类地位：鳞翅目螟蛾科

分布：西藏以外的中国大部。

形态特征：成虫体长10～12 mm，暗黄褐色。前翅狭长，沿前缘有1条白色纵带，近翅基有1条黄褐色宽横带；后翅黄白色，边缘色泽较深。

习性：本种是大豆上的重要蛀荚害虫。1年发生3～4代，老熟幼虫结茧越冬。成虫夜间活动，白天潜伏，有趋光性，飞行能力不强。

浪淘沙（其一）

（唐） 刘禹锡

九曲黄河万里沙，
浪淘风簸自天涯。
如今直上银河去，
同到牵牛织女家。

李枯叶蛾

学名：*Gastropacha quercifolia*（Linnaeus，1758）

分类地位：鳞翅目枯叶蛾科

分布：中国华北、华东、中南。

形态特征：成虫体长30～45 mm，形似1个枯黄叶片。雄较雌略小，体赤褐色。头有1条黑纵纹。前翅外缘和后缘呈锯齿状，前缘色较深，翅上有3条波状黑褐色带荧光的横线，近中室端有1个黑褐色斑点；后翅短宽，外缘呈锯齿状。

习性：幼虫取食植物嫩芽和叶片，寄主包括李、苹果、桃、梨、柳等。

枫桥夜泊

（唐） 张继

月落乌啼霜满天，
江枫渔火对愁眠。
姑苏城外寒山寺，
夜半钟声到客船。

八字地老虎

学名：*Xestia c-nigrum*（Linnaeus，1758）

分类地位：鳞翅目夜蛾科

分布：中国各地都有分布；亚洲、欧洲、美洲。

形态特征：成虫体长11~13 mm，翅展29~36 mm。前翅灰褐色，基线和内横线双线黑色，微波形；肾纹褐色，外缘黑色；前方有2个黑点；中室下方黑色；环纹为淡褐色三角形斑；亚缘线灰色，前端有1个黑斑；缘线波折，黑色；缘毛深褐色。后翅淡黄色，外缘淡灰褐色。

习性：北方1年发生2代，成虫有趋光性。幼虫3龄以后白天隐匿在表土下，夜间活动，可以危害多种农作物的幼苗，是重要的地下害虫。

月夜忆舍弟

（唐） 杜甫

戍鼓断人行，边秋一雁声。
露从今夜白，月是故乡明。
有弟皆分散，无家问死生。
寄书长不达，况乃未休兵。

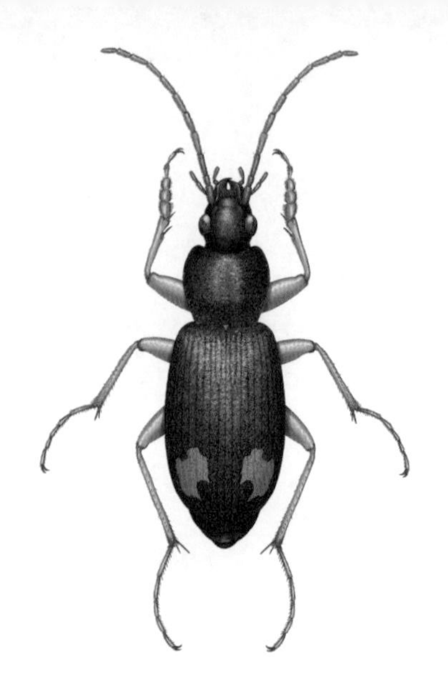

后斑青步甲

学名：*Chlaenius posticalis* Motschulsky，1854

分类地位：鞘翅目步甲科

分布：西北和西藏以外的中国大部；朝鲜、日本、俄罗斯。

形态特征：成虫体长约16 mm。绿色，有金属光泽；触角黄褐色，长度超过体长之半。翅近端部有显著黄褐色斑块，略呈长方形。各足黄褐色，雄虫前足跗节基部3节扩大。

习性：捕食鳞翅目昆虫的幼虫等，成虫6—9月出现，夜间地表活动。

天净沙·秋思

（元） 马致远

枯藤老树昏鸦，
小桥流水人家，
古道西风瘦马。
夕阳西下，
断肠人在天涯。

拼图游戏：

剪下藏在书中的24张局部图片（下图），

拼成一幅完整的图画吧！

行军九日思长安故园

（唐） 岑参

强欲登高去，
无人送酒来。
遥怜故园菊，
应傍战场开。

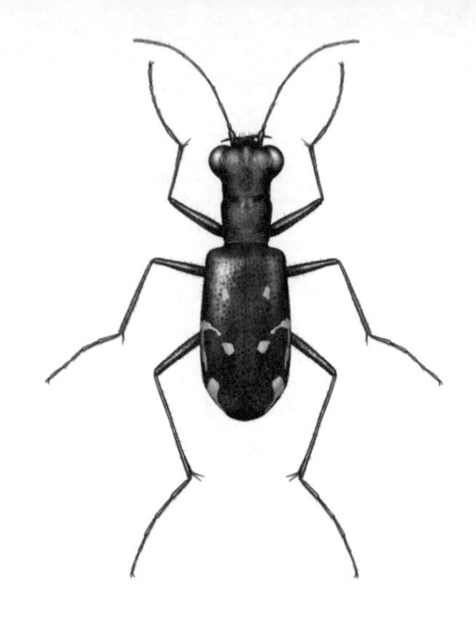

星斑虎甲

学名：*Cicindela kaleea*（Bates，1866）

分类地位：鞘翅目虎甲科

分布：中国华北、华中、华东、西南；印度。

形态特征：成虫体长约8.6 mm。体狭长。铜绿至墨绿色，金属光泽强。额部复眼大，复眼间平坦，具纵皱纹；上颚发达，末端细尖；触角细长，超过体长之半。前胸背板长宽约相等，表面密具横皱纹；背板中部微隆起，侧缘较直。鞘翅肩角突出，翅面散布青蓝色的刻点，有4个大小各异的黄白色斑纹，斑纹形状常有变化。各足细长。

习性：成虫7—8月出现，多在灌丛中栖息，捕食多种昆虫，常见于林间小径；幼虫生活在土穴中，捕食地表活动的小型节肢动物。

野望

（唐） 王绩

东皋薄暮望，徙倚欲何依。
树树皆秋色，山山唯落晖。
牧人驱犊返，猎马带禽归。
相顾无相识，长歌怀采薇。

涂色游戏：

发挥你的想象，给美丽的翅膀涂上颜色吧！

黄鹤楼

（唐） 崔颢

昔人已乘黄鹤去，此地空余黄鹤楼。
黄鹤一去不复返，白云千载空悠悠。
晴川历历汉阳树，芳草萋萋鹦鹉洲。
日暮乡关何处是？烟波江上使人愁。

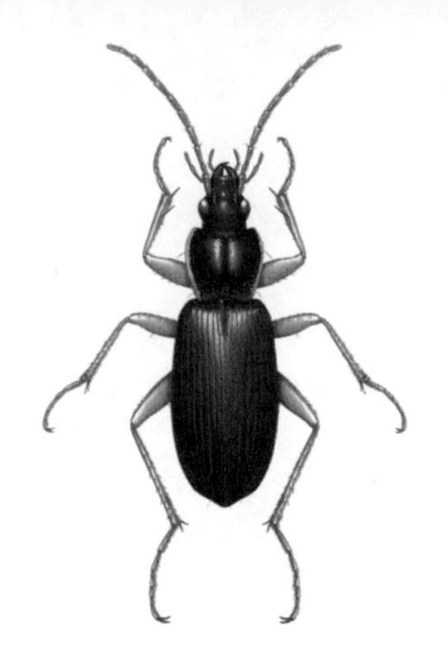

蠋步甲

学名：*Dolichus halensis*（Schaller，1783）

分类地位：鞘翅目步甲科

分布：西藏以外的中国大部；朝鲜、日本、俄罗斯、欧洲。

形态特征：成虫体长约17 mm。体黑色；触角、下颚须、下唇须、前胸背板侧缘、前胸侧板、各足黄褐色至红褐色。触角细长，约为体长之半。前胸背板长宽约等，长宽比为3.7∶4.0，近方形，中部略拱起，中纵沟细，侧缘沟深；前缘横凹后方、两侧、基部及基凹处有细密的刻点和皱褶。鞘翅基部及后缘有长形红褐斑，两翅合拢后为长舌形大斑。

习性：夜间地表活动，捕食黏虫、螟蛾、夜蛾、蛴螬、隐翅虫、蝼蛄等。此虫喜潮湿，在作物覆盖度较大的麦地、甘薯地发生较多。成虫出现于4—9月。

山居秋暝

（唐） 王维

空山新雨后，天气晚来秋。
明月松间照，清泉石上流。
竹喧归浣女，莲动下渔舟。
随意春芳歇，王孙自可留。

大劫步甲

学名：*Lesticus magnus* Motschulsky，1860

分类地位：鞘翅目步甲科

分布：华北以南中国大部；朝鲜、日本。

形态特征：成虫体长约24 mm。黑色，有光泽。头部光洁，额沟宽深而长，触角长度近于头与前胸背板长度之和。前胸背板宽略大于长，长宽比为5.3∶6.9，两侧基凹陷大并有皱状刻点。每鞘翅有9条有细刻点的纵条沟，雄虫前足跗节基部3节扩大。中、后足第1跗节长度约为第2、3跗节长度之和。

习性：成虫夏秋夜间活动，捕食地表各类节肢动物。

江上渔者

（宋） 范仲淹

江上往来人，
但爱鲈鱼美。
君看一叶舟，
出没风波里。

奇弯腹花金龟

学名：*Campsiura mirabilis*（Faldermann，1835）

分类地位：鞘翅目花金龟科

分布：中国华北、华中、华南、西南。

形态特征：成虫体长18~20 mm。上颚发达，端部扩大而内弯；前胸背板中央黑色，两侧黄色。中、后胸后侧片外露，各有1块大型黄斑。雄虫腹部有显著中纵凹，明显下弯。鞘翅中域棕色，周缘黑色。

习性：1年发生1代。幼虫土生，取食腐殖质，成虫5—7月羽化，取食多种蚜虫和植物花器。

长沙过贾谊宅

（唐） 刘长卿

三年谪宦此栖迟，万古惟留楚客悲。
秋草独寻人去后，寒林空见日斜时。
汉文有道恩犹薄，湘水无情吊岂知？
寂寂江山摇落处，怜君何事到天涯！

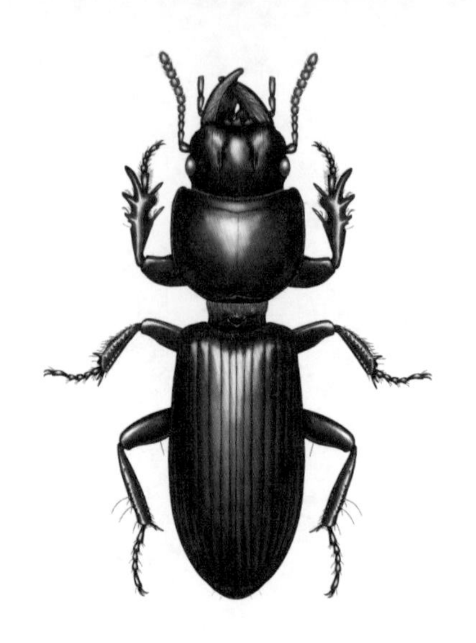

单齿蝼步甲

学名：*Scarites terricola* Bonelli，1813

分类地位：鞘翅目步甲科

分布：华北以北中国大部；日本、欧洲南部、北非。

形态特征：成虫体长约19 mm。体黑色，有光泽。头宽大，方形，内侧具纵向的浅皱纹。触角念珠状，长度与前胸背板宽度接近。前胸背板宽大于长，最宽处在中上部，基部两侧收狭。小盾片三角形。鞘翅窄于前胸背板，肩甲近方形，肩齿突出；每鞘翅有7条纵沟具刻点，前胫节较其他胫节宽扁突出，外缘近端部具3齿突，内侧对应2钝突。中胫节外缘近端部有1～2根刺突。

习性：成虫夏秋夜间活动，捕食地表各类节肢动物。

商山早行

（唐） 温庭筠

晨起动征铎，客行悲故乡。
鸡声茅店月，人迹板桥霜。
槲叶落山路，枳花明驿墙。
因思杜陵梦，凫雁满回塘。

拼图游戏：

剪下藏在书中的24张局部图片（下图），
拼成一幅完整的图画吧！

丑奴儿·书博山道中壁

（宋） 辛弃疾

少年不识愁滋味，爱上层楼。
爱上层楼，为赋新词强说愁。
而今识尽愁滋味，欲说还休。
欲说还休，却道“天凉好个秋”！

铜绿婪步甲

学名：*Harpalus chalcentus* Bates，1873

分类地位：鞘翅目步甲科

分布：西北和西藏以外的中国大部；朝鲜、日本。

铜绿婪步甲是如何捕食的？

铜绿婪步甲的捕食行为分为5个阶段。当发现有食物比如一些蛾子的幼虫时，它们就会没有规律地徘徊行走。当距离幼虫食物2～3 cm时，步甲头部下垂，频繁地晃动触角，然后快速行走，在行走过程中还特别警惕地去探索。当步甲走向猎物1 cm以内时，触角、下颚须及下唇须剧烈摆动探索，而且把头摆成与猎物水平状，准备向目标进攻。进攻猎物时，先用上颚咬住猎物，下颚须及下唇须托住猎物，然后用上颚开始享受美食，捕食阶段历时（10±3）分钟。取食完毕后，步甲就开始清洗了，它用前足不停地擦拭触角、下颚须和下唇须，这就是刷拭阶段。

水调歌头

（宋）苏轼

丙辰中秋，欢饮达旦，大醉，作此篇，兼怀子由。

明月几时有？把酒问青天。不知天上宫阙，今夕是何年。我欲乘风归去，又恐琼楼玉宇，高处不胜寒。起舞弄清影，何似在人间。

转朱阁，低绮户，照无眠。不应有恨，何事长向别时圆？人有悲欢离合，月有阴晴圆缺，此事古难全。但愿人长久，千里共婵娟。

十二斑褐菌瓢虫

学名：*Vibidia duodecimguttaia*（Poda，1761）

分类地位：鞘翅目瓢虫科

分布：中国华中、华北、东北、西北、华东、广西。

形态特征：成虫体长3～4 mm。体橘黄色，触角和足淡黄色。头部被前胸背板盖住，几乎不可见；触角基部1节及端部3节膨大。前胸背板近5边形，背面有4个淡黄色斑；鞘翅密布刻点，每个鞘翅有6个淡黄色斑。

习性：成虫、幼虫均取食真菌孢子。

秋日湖上

（唐） 薛莹

落日五湖游，
烟波处处愁。
沉浮千古事，
谁与问东流。

白线散纹夜蛾

学名：*Callopistria albolineola*（Graeser，1889）

分类地位：鳞翅目夜蛾科

分布：中国河南、河北、黑龙江；日本、朝鲜、俄罗斯。

形态特征：翅展25～30 mm。头部及胸部黑色杂黄褐色。雄蛾触角基部1/3处稍隆起，褐色，端部2/3黑色，向端部渐细；柄节灰白色，外侧有1个小黑斑。雌蛾触角简单，线形。下唇须前伸，第2节发达，内侧灰白色，外侧灰褐色，杂有黑色鳞片；末节短锥状，显著变细，外覆稀疏鳞片，背侧略暗。前翅褐色，具白、黑、黄、棕等色斑，脉纹黄褐色，内线双线白色，外线双线黑色，线间白色，亚缘线黄白色，锯齿形，不显著；缘线双线，内侧白色，外侧黑褐色，被翅脉多次分断；外缘缘毛暗褐色与灰白色相间排列。

习性：幼虫取食卷柏。华北6—9月灯下可见成虫。

江上

（宋） 王安石

江北秋阴一半开，
晚云含雨却低徊。
青山缭绕疑无路，
忽见千帆隐映来。

八字白眉天蛾

学名：*Hyles livornica*（Esper，1780）

分类地位：鳞翅目天蛾科

分布：中国黑龙江、宁夏、河南、台湾；日本、印度、欧洲、非洲、北美。

形态特征：翅展70～85 mm；头部棕褐色，两侧有白色鳞毛；前胸两侧黄白色鳞毛；腹部颜色稍浅，第1、2节侧面有明显的黑白相间的斑纹。前翅茶褐色，翅顶角至后缘有1条黄白色带，黄白色带外侧有1条由窄变宽的深棕色条带，翅外缘浅褐色。后翅基部棕黑色，中央有1条较宽的橙红色横带，亚外缘线黑色弯曲，外缘浅褐色，臀角黄褐色。

习性：幼虫取食沙枣、葡萄、酸模等植物叶片和嫩枝。

峨眉山月歌

（唐） 李白

峨眉山月半轮秋，
影入平羌江水流。
夜发清溪向三峡，
思君不见下渝州。

甜菜白带野螟

学名：*Spoladea recurvalis*（Fabricius，1775）

分类地位：鳞翅目草螟科

分布：全国范围发生（除新疆外）。

形态特征：翅展24~26 mm，体棕褐色；头白色，额有黑斑；下唇须黑褐色向上弯曲；胸部背面黑褐色，腹部各节后缘白色；翅暗褐色，前翅中室有1条黑缘宽白带，外缘有1排白斑；后翅也有1条黑缘白带。

习性：在山东1年发生3代。幼虫危害白菜、甜菜、辣椒等蔬菜。

菊花

（唐） 元稹

秋丛绕舍似陶家，
遍绕篱边日渐斜。
不是花中偏爱菊，
此花开尽更无花。

菜粉蝶雄

菜粉蝶雌

菜粉蝶

学名：*Pieris rapae* Linnaeus，1758

分类地位：鳞翅目粉蝶科

分布：中国大部；全世界温带地区。

形态特征：成虫体长12～20 mm，乳白色，有黑斑。触角末端略膨大，后翅圆阔。雌虫前翅近基部灰黑色，约占翅面1/2；雄虫显著小，仅翅基部灰黑色。翅顶角有1个大型黑斑。雌虫M_3和Cu_2中下方各有1个黑斑，雄虫仅有近中部的1个黑斑。

习性：幼虫危害十字花科植物叶片，如甘蓝、油菜等。

茅屋为秋风所破歌

（唐） 杜甫

八月秋高风怒号，卷我屋上三重茅。茅飞渡江洒江郊，高者挂罥长林梢，下者飘转沉塘坳。

南村群童欺我老无力，忍能对面为盗贼，公然抱茅入竹去。唇焦口燥呼不得，归来倚杖自叹息。

俄顷风定云墨色，秋天漠漠向昏黑。布衾多年冷似铁，娇儿恶卧踏里裂。床头屋漏无干处，雨脚如麻未断绝。自经丧乱少睡眠，长夜沾湿何由彻！

安得广厦千万间，大庇天下寒士俱欢颜！风雨不动安如山。呜呼！何时眼前突兀见此屋，吾庐独破受冻死亦足！

拼图游戏：

剪下藏在书中的24张局部图片（下图），
拼成一幅完整的图画吧！

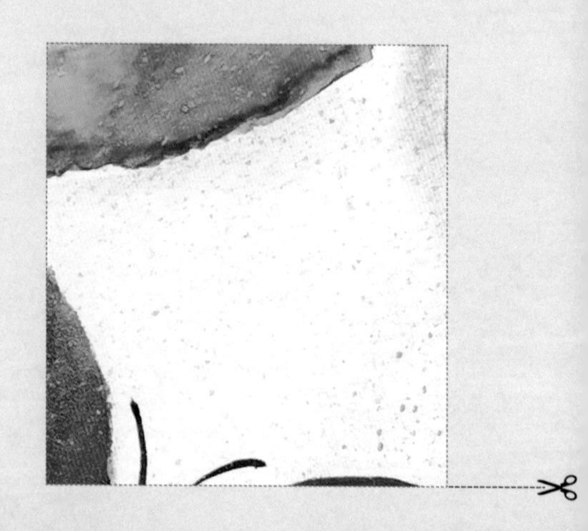

不第后赋菊

（唐） 黄巢

待到秋来九月八，
我花开后百花杀。
冲天香阵透长安，
满城尽带黄金甲。

涂色游戏：

发挥你的想象，给美丽的翅膀涂上颜色吧！

鸟鸣涧

（唐） 王维

人闲桂花落，
夜静春山空。
月出惊山鸟，
时鸣春涧中。

东北巾夜蛾

学名：*Dysgonia mandschuriana*（Staudinger，1892）

分类地位：鳞翅目夜蛾科

分布：中国吉林、河北、山东、河南；朝鲜、日本、俄罗斯。

形态特征：前翅21～23 mm。体灰褐色。前翅内线、外线淡黄褐色，均曲折，各线内侧均为黑褐色，外侧均为灰褐色，界限分明。内线和外线之间带斑为双色，界限亦较明确；顶角有1个黑褐斑，其外侧界限清晰，斑外及后方灰褐色，其内侧边界模糊，与前缘渐融合。外缘有1列黑点，均位于翅脉间。

习性：幼虫取食一叶萩（大戟科）叶片及嫩枝。

鹿柴

（唐） 王维

空山不见人，
但闻人语响。
返景入深林，
复照青苔上。

帽斑紫天牛

学名：*Purpuricenus petasifer* Villard，1914

分类地位：鞘翅目天牛科

分布：中国河南、吉林、甘肃、江苏、云南等；东亚。

形态特征：成虫体长约20 mm。头、触角和足黑色；触角性二型显著，雄虫长度约为体长的2倍，雌虫约等长；前胸背板朱红色，有5个黑斑；侧刺突显著。鞘翅橘红色至黄褐色，有2对黑斑，后1对在中缝处相连接呈礼帽状。

习性：幼虫蛀干危害，寄主有苹果等植物。

王戎不取道旁李

选自《世说新语·雅量》

王戎七岁，尝与诸小儿游。看道边李树多子折枝，诸儿竞走取之，唯戎不动。人问之，答曰：“树在道边而多子，此必苦李。”取之，信然。

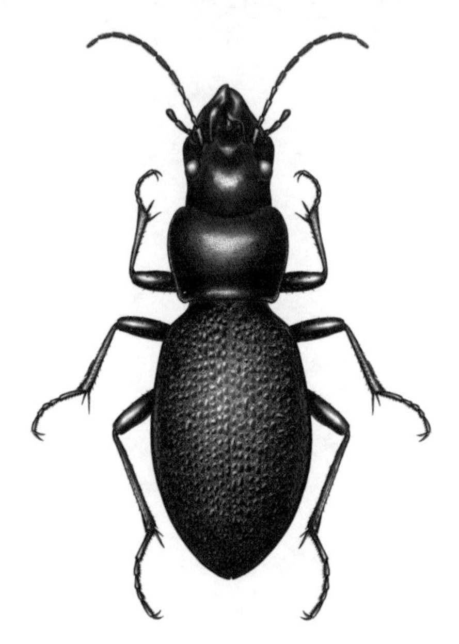

麻步甲

学名：*Carabus brandti* Faldermann，1835

分类地位：鞘翅目步甲科

分布：中国华北、东北。

形态特征：成虫体长约25 mm。黑色，金属光泽弱。触角略长于头及前胸背板长度之和。前胸背板侧缘弧形，背面最宽处在中部之前，后缘有1列较长的黄色毛，覆盖小盾片；鞘翅卵圆形，翅面密具大小瘤突。雄虫足的前跗节基部3节扩大，腹面黏毛棕黄色。

习性：成虫出现于5—8月，夜间在地表活动，捕食鳞翅目昆虫的幼虫及蜗牛。

嫦娥

（唐） 李商隐

云母屏风烛影深，
长河渐落晓星沉。
嫦娥应悔偷灵药，
碧海青天夜夜心。

桃剑纹夜蛾

学名：*Acronycta intermedia* Warren，1910

分类地位：鳞翅目夜蛾科

分布：中国广泛分布。

形态特征：成虫体长17～22 mm，翅展40～48 mm；灰色微褐；触角丝状暗褐色；胸部被密而长的鳞毛，腹面灰白色。前翅灰色微褐，环纹灰白色、黑褐边；肾纹淡褐色，黑褐边；肾环纹几乎相接。外缘脉间各有1个三角形黑斑；剑纹黑色，基剑纹树枝形，臀角的剑纹较长，伸达翅外缘。

习性：幼虫取食桃、梨、苹果、梅、李、樱桃、柳等植物叶片及嫩枝。

望月怀远

（唐） 张九龄

海上生明月，天涯共此时。

情人怨遥夜，竟夕起相思。

灭烛怜光满，披衣觉露滋。

不堪盈手赠，还寝梦佳期。

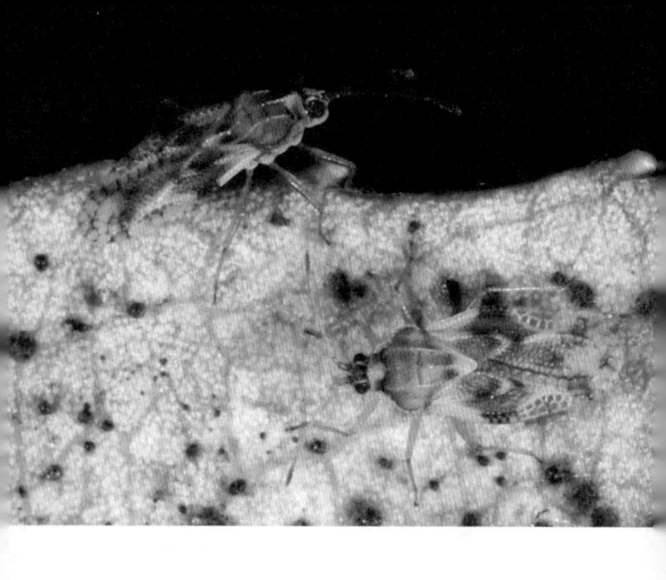

杨柳网蝽

学名：*Metasalis populi*（Takeya，1932）

分类地位：半翅目网蝽科

分布：中国华北、华中、西南、华南等地区。

形态特征：成虫体长2～3 mm，黑褐色。触角4节，前胸背板和前翅呈网状，褐色。卵淡绿色，一端向上弯曲，呈瓶颈状。若虫浅灰白色，近圆形，体背有黑色斑块1～5个，斑纹随龄期不同而增加。

习性：以成虫在树洞、皮缝、枯枝落叶中越冬，寄主为杨、柳。受害叶片发黄变红，密布失绿褐色麻点。

秋思

（唐） 张籍

洛阳城里见秋风，
欲作家书意万重。
复恐匆匆说不尽，
行人临发又开封。

拼图游戏：

剪下藏在书中的24张局部图片（下图），
拼成一幅完整的图画吧！

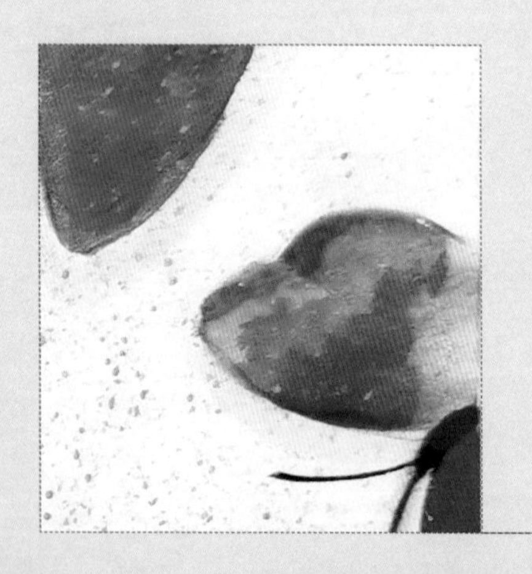

十五夜望月

（唐） 王建

中庭地白树栖鸦，
冷露无声湿桂花。
今夜月明人尽望，
不知秋思落谁家。

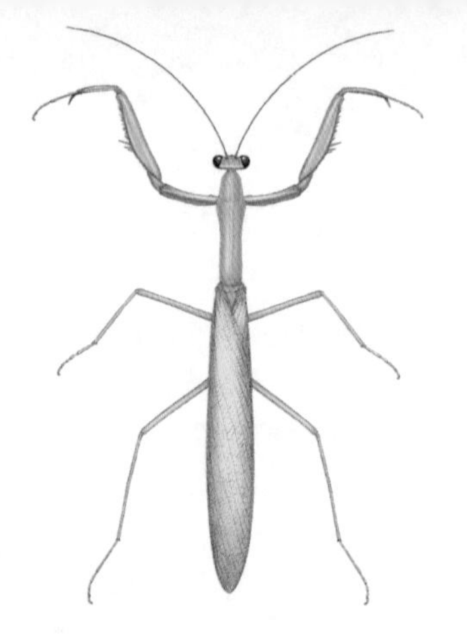

薄翅螳

学名：*Mantis religinsa* Linnaeus，1758

分类地位：螳螂目螳科

分布：中国河南、东北、华北、华南、西南、华东、西北。

薄翅螳是怎么捕捉猎物的?

捕捉猎物前，薄翅螳通常保持静止不动，待猎物爬行至攻击范围内，才伸开前足，把猎物牢牢抓住。前足的股节和胫节上生满锋利的尖齿，可以对向收合，像铡刀一样，防止被捕获的猎物逃脱。薄翅螳的前胸特别长，三角形的头部前面是锋利的上颚，可以很快把猎物嚼碎吃掉。薄翅螳的前足基节也特别长，约有前胸长度的1/2，通过一个小而灵巧的转节和股节相连。捕捉猎物前，薄翅螳的前足的股节和胫节相向合并，同时股节和基节相向收合，收放在头下，等待粗心的猎物进入攻击范围。

浪淘沙·北戴河

毛泽东

大雨落幽燕，白浪滔天，秦皇岛外打鱼船。
一片汪洋都不见，知向谁边？
往事越千年，魏武挥鞭，东临碣石有遗篇。
萧瑟秋风今又是，换了人间。

野蚕

学名：*Bombyx mandarina* Moore，1872

分类地位：鳞翅目蚕蛾科

分布：中国广泛分布。

形态特征：雌蛾体长约20 mm，翅展约45 mm，雄蛾小；灰褐色，羽状触角暗褐色；前翅上具深褐色斑纹；后翅棕褐色。老龄幼虫体长40～65 mm，褐色，具斑纹，头小，胸部2～3节膨大，第2胸节背面有1对黑纹，四周红色。茧灰白色，椭圆形。

习性：幼虫取食桑等林木叶片；野蚕是家蚕的祖先，与家蚕尚未完全生殖隔离。考古学家李济先生1926年在山西夏县西阴村发现了一个半割的茧壳，复原后的蚕茧长1.52 cm、茧宽（幅）0.71 cm，茧壳割去的部分占全茧的17%。经检测，这半割蚕茧是一枚家蚕茧，距今已有6000多年，说明我国先民最早把野蚕培育为现代家蚕。

马诗二十三首（其五）

（唐） 李贺

大漠沙如雪，
燕山月似钩。
何当金络脑，
快走踏清秋。

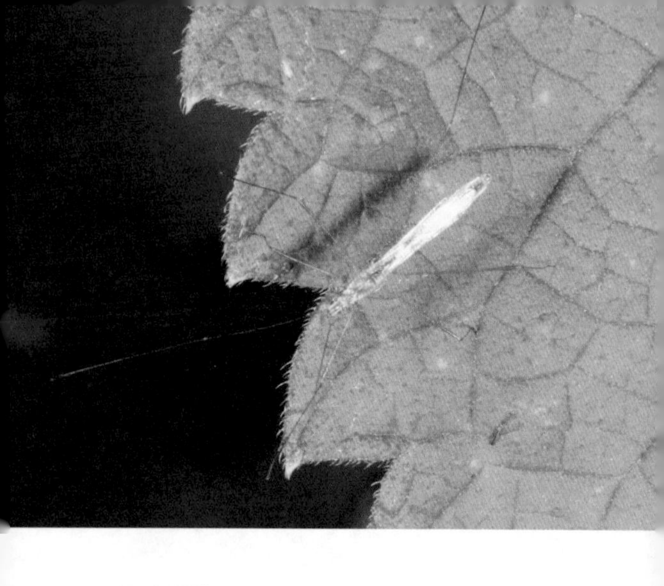

锤肋跷蝽

学名：*Yemma signatus*（Hsiao，1974）

分类地位：半翅目跷蝽科

分布：中国河南、山东等地。

形态特征：成虫体长6.5～7.5 mm，淡黄褐色。小盾片弯曲成直立长刺，足上的黑环纹不明显。前翅纵窄，不超过腹末。卵长椭圆形，长0.6～0.9 mm，顶端有3个褐色突起。5龄若虫体长约6 mm，淡黄绿色，前胸背板两侧有黑色纵纹。翅芽浅黄褐色，末端无黑色斑块。

习性：刺吸危害泡桐等林木的叶片和嫩枝。

夜书所见

（宋） 叶绍翁

萧萧梧叶送寒声，
江上秋风动客情。
知有儿童挑促织，
夜深篱落一灯明。

麻楝棘丛螟

学名：*Termioptycha margarita*（Butler，1879）

分类地位：鳞翅目螟蛾科

分布：中国华东、华中、华南、西南、台湾。

形态特征：翅展约28 mm。头部白色混杂有黑色鳞片。下唇须淡褐色，外侧黑色内侧白色。下颚须丝状，肩片淡褐色。胸部白色混有黄褐色鳞片，腹部灰白色。前翅白色，基部黑褐色。后翅基部白色至外缘逐渐变深。

习性：寄主为麻楝。

观沧海

（东汉） 曹操

东临碣石，以观沧海。
水何澹澹，山岛竦峙。
树木丛生，百草丰茂。
秋风萧瑟，洪波涌起。
日月之行，若出其中；
星汉灿烂，若出其里。
幸甚至哉，歌以咏志。

花壮异蝽

学名：*Urochela luteovaria* Distant，1881

分类地位：半翅目异蝽科

分布：中国东北、华北、河南、西北、华东、云南。

形态特征：成虫体长9～12 mm。前胸背板深褐近前缘处有黑色“八”字纹。后胸侧板外缘及后缘各有1个黑斑。腹面黄绿至淡绿色，雌虫4～6节中区两侧前缘各有黑短横纹1条，雄虫不显著。

习性：不完全变态。1年发生1代，成虫畏热怕光，喜阴暗凉爽。主要危害枣、酸枣、苹果、梨、桃、李、沙果、樱桃、花椒等植物。

暮江吟

（唐） 白居易

一道残阳铺水中，
半江瑟瑟半江红。
可怜九月初三夜，
露似真珠月似弓。

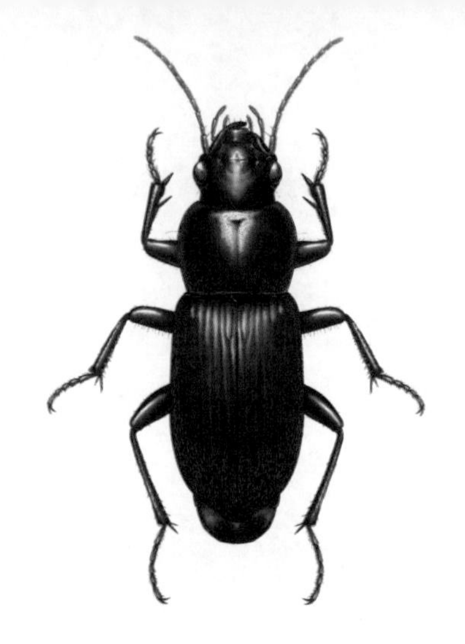

诺氏青步甲

学名：*Chalenius noguchii* Bates，1873

分类地位：鞘翅目步甲科

分布：华北以南中国大部；日本、朝鲜、印度、斯里兰卡、印度尼西亚。

形态特征：成虫体长约18 mm。体黑色，复眼棕灰色，触角、下颚须、下唇须、前足跗节和爪暗红褐色，头背面有细刻点。前胸背板最宽处在中部，宽大于长，长宽比为4.0∶5.0；前缘呈弧形，被一排细毛；后缘平直，被细毛，背中沟细；鞘翅表面及条沟两侧密被细毛，每翅有9条具刻点条沟；雄虫前足跗节基部3节扩大。

习性：在杂草灌丛地表活动，以小型节肢动物为食。

长亭送别（节选）

（元） 王实甫

碧云天，黄花地，西风紧，北雁南飞。

晓来谁染霜林醉？总是离人泪。

黄地老虎

学名：*Agrotis segetum*（Denis et Schiffermüller, 1775）

分类地位：鳞翅目夜蛾科

分布：中国各地；亚洲、欧洲、非洲。

形态特征：成虫体长14～19 mm，翅展30～43 mm。触角性二型显著：雌蛾丝状；雄蛾双栉状，端部1/3丝状。前翅黄褐色。翅面散布小黑点，肾纹、环纹和剑纹明显，围以黑边，后翅灰白色，外缘稍暗。

习性：重要的地下害虫，幼虫取食多种农作物的幼苗，如玉米、棉花、小麦、马铃薯等。

浣溪沙

（清） 纳兰性德

身向云山那畔行，北风吹断马嘶声，深秋远塞若为情！

一抹晚烟荒戍垒，半竿斜日旧关城。古今幽恨几时平！

广腹同缘蝽

学名：*Homoeocerus dilatatus* Horvath，1879

分类地位：半翅目缘蝽科

分布：中国华北、吉林、华中、华东、西南、广东。

蝽的后背都有什么秘密?

蝽类昆虫后背中部都有一个三角形的骨片，叫作小盾片。小盾片通常在蝽总科（触角都是5节的蝽类昆虫）较为发达，盾蝽科和龟蝽科都是典型代表。麻皮蝽是蝽科的一种，小盾片长度一般超过腹部的一半，也都长于爪片的长度。这里的爪片是前翅后缘的1个狭长的骨片。而广腹同缘蝽的小盾片比较小，这些缘蝽科种类都会在小盾片后方形成1条纵向的“爪片结合缝”。长蝽科和盲蝽科等许多科都有“爪片结合缝”。

芙蓉楼送辛渐

（唐） 王昌龄

寒雨连江夜入吴，
平明送客楚山孤。
洛阳亲友如相问，
一片冰心在玉壶。

涂色游戏：

发挥你的想象，给美丽的翅膀涂上颜色吧！

相见欢

（宋） 朱敦儒

金陵城上西楼，倚清秋。万里夕阳垂地大江流。
中原乱，簪缨散，几时收？试倩悲风吹泪过扬州。

棉铃虫

学名：*Helicoverpa armigera*（Hübner，1808）

分类地位：鳞翅目夜蛾科

分布：中国广泛分布；世界性分布。

形态特征：成虫体长15～17 mm，翅展28～38 mm；褐色。头胸部鳞毛发达；基线、内横线、中横线波折，外横线双线锯齿状，褐色，显著，各个齿间外侧有1个小白点；缘线脉间有小黑点；前翅环状纹及肾状纹内部均为褐色，外侧隐约为内淡外暗的双色边，翅外缘有7个小黑点。

习性：幼虫危害棉花的铃和蕾，严重影响棉花产量和品质。本种寄主包括30余科200余种，包括多种粮食作物和蔬菜。

秋夜将晓出篱门迎凉有感

（宋） 陆游

三万里河东入海，
五千仞岳上摩天。
遗民泪尽胡尘里，
南望王师又一年。

红珠凤蝶

学名：*Pachliopta aristolochiae*（Fabricius，1775）

分类地位：鳞翅目凤蝶科

分布：中国华北以南地区。

形态特征：成虫翅展为70～94 mm。体背为黑色，头部、胸部侧面和腹部末端有较多红色毛。前、后翅均为黑色，有的个体前翅中区、后区还有亚外缘区颜色较淡，呈黑褐色或者棕褐色。后翅中室外侧有3～5个紧挨在一起的白斑，有3个斑呈“小”字形排列；翅缘有6～7个粉红色或黄褐色、多为弯月形的斑。

习性：以蛹越冬，长沙地区每年发生4～5代。幼虫取食马兜铃科植物。

醉花阴

（宋）　李清照

薄雾浓云愁永昼，瑞脑销金兽。

佳节又重阳，玉枕纱厨，半夜凉初透。

东篱把酒黄昏后，有暗香盈袖。

莫道不销魂，帘卷西风，人比黄花瘦。

桑天牛

学名：*Apriona rugicollis*（Chevrolat，1852）

分类地位：鞘翅目天牛科

分布：西北以外且吉林以南的中国大部；东亚、东南亚。

形态特征：成虫体长约40 mm。黑色，被黄褐色短毛，头顶有中纵沟。上颚发达，黑褐色。触角略长于体长，柄节和梗节黑色，其余各节基部灰白色，端方大部黑褐色。前胸方形，侧缘中部刺突显著。鞘翅基部密生粗大颗粒状突起。足黑色。

习性：华北2年发生1代。幼虫蛀干危害多种林木、果树，包括桑、无花果、山核桃、毛白杨等。成虫取食多种林木叶片及嫩枝。

菩萨蛮（其一）

（唐） 温庭筠

小山重叠金明灭，鬓云欲度香腮雪。懒起画蛾眉，弄妆梳洗迟。

照花前后镜，花面交相映。新帖绣罗襦，双双金鹧鸪。

鬼脸天蛾

学名：*Acherontia lachesis*（Fabricius，1798）

分类地位：鳞翅目天蛾科

分布：华北以南中国大部；日本、缅甸、印度、斯里兰卡。

形态特征：翅展95～125 mm；胸部背面有骷髅头形斑纹，斑纹下方后胸背板有红褐色鳞毛，肩板有灰蓝黑相间的鳞毛；腹部黄黑相间，背线蓝色较宽；前翅狭长，黑黄相间，翅面密布细碎的黄褐色鳞片，翅基部下方有黄色毛簇，中室上有1个明显灰白色点，内横线和外横线由数条深浅不一的波状纹组成，外横线最外侧波浪状线条为白色，黄白相间的波状亚缘线，外横线和亚缘线前缘分离，后缘相接，外缘线黑黄相间。后翅杏黄色，翅基部、中部及翅外缘有3条较宽的黑色斑带，臀角附近有1个灰蓝色斑。

习性：成虫夜间可侵入蜂巢盗取蜂蜜，危害养蜂业。

短歌行

（东汉） 曹操

对酒当歌，人生几何！
譬如朝露，去日苦多。
慨当以慷，忧思难忘。
何以解忧？唯有杜康。
青青子衿，悠悠我心。
但为君故，沉吟至今。
呦呦鹿鸣，食野之苹。
我有嘉宾，鼓瑟吹笙。
明明如月，何时可掇？
忧从中来，不可断绝。
越陌度阡，枉用相存。
契阔谈讌，心念旧恩。
月明星稀，乌鹊南飞。
绕树三匝，何枝可依？
山不厌高，海不厌深。
周公吐哺，天下归心。

拼图游戏：

剪下藏在书中的24张局部图片（下图），

拼成一幅完整的图画吧！

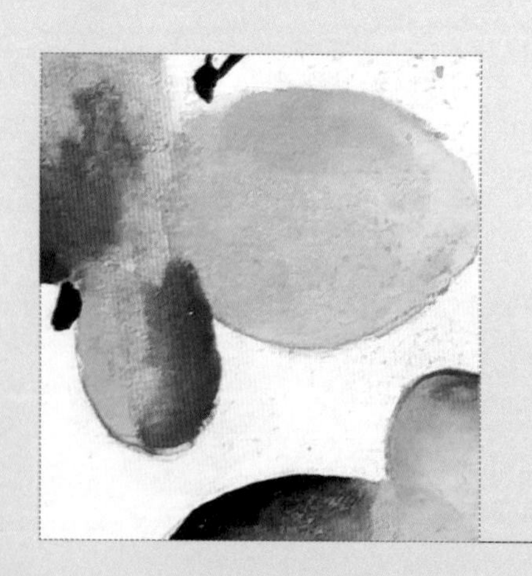

李凭箜篌引

（唐） 李贺

吴丝蜀桐张高秋，空山凝云颓不流。
江娥啼竹素女愁，李凭中国弹箜篌。
昆山玉碎凤凰叫，芙蓉泣露香兰笑。
十二门前融冷光，二十三丝动紫皇。
女娲炼石补天处，石破天惊逗秋雨。
梦入神山教神妪，老鱼跳波瘦蛟舞。
吴质不眠倚桂树，露脚斜飞湿寒兔。

金环胡蜂

学名：*Vespa mandarinia* Smith，1852

分类地位：膜翅目胡蜂科

分布：华北以南中国大部；日本、东南亚、法国。

金环胡蜂能蜇死人吗？

金环胡蜂是毒性最大、最凶猛的一种胡蜂，体长约50 mm，毒针长约6.5 mm。其实金环胡蜂在远离蜂巢时一般不蜇人，当敌害进入蜂巢附近且蜂巢受到剧烈振动时，被其发现有动物对象活动后，就会“呼朋引伴”立即进行蜇咬。蜂巢受侵扰时，金环胡蜂脾气暴躁，攻击性非常强，任何从它面前经过的动物（包括人）它都会主动上前攻击，如果有20只金环胡蜂同时蜇一个人，那么就可能致人死亡，有时被蜇一下就足以使人昏迷。蜂毒肽是其毒性的主要组成部分，约占干蜂毒的50%，这一成分也是人类被蜇伤致死的罪魁祸首。

锦瑟

（唐） 李商隐

锦瑟无端五十弦，一弦一柱思华年。
庄生晓梦迷蝴蝶，望帝春心托杜鹃。
沧海月明珠有泪，蓝田日暖玉生烟。
此情可待成追忆，只是当时已惘然。

红天蛾

学名：*Deilephila elpenor*（Linnaeus，1758）

分类地位：鳞翅目天蛾科

分布：中国华北、东北、西北、华中、西南等地。

形态特征：成虫体长33～40 mm，翅展55～70 mm。体翅以红色为主，头胸部两侧有两条纵行的红色带；腹部第一节两侧有黑斑；前翅基部黑色，前缘及外横线、亚外缘线、外缘及缘毛都为暗红色；中室有1个白色小点；后翅红色，靠近基半部黑色。

习性：幼虫危害茜草、凤仙花、千屈菜、忍冬等植物。

滕王阁序（节选）

（唐） 王勃

时维九月，序属三秋。潦水尽而寒潭清，烟光凝而暮山紫。俨骖騑于上路，访风景于崇阿。临帝子之长洲，得天人之旧馆。层峦耸翠，上出重霄；飞阁流丹，下临无地。鹤汀凫渚，穷岛屿之萦回；桂殿兰宫，列冈峦之体势。

披绣闼，俯雕甍，山原旷其盈视，川泽纡其骇瞩。闾阎扑地，钟鸣鼎食之家；舸舰迷津，青雀黄龙之舳。云销雨霁，彩彻区明。落霞与孤鹜齐飞，秋水共长天一色。渔舟唱晚，响穷彭蠡之滨；雁阵惊寒，声断衡阳之浦。

豆天蛾

学名：*Clanis bilineata*（Mell，1922）

分类地位：鳞翅目天蛾科

分布：中国华中、华北、东北、华东、华南。

形态特征：翅展100～120 mm。头及胸部具暗褐色细背线。中足胫节外侧白色，前翅狭长，前缘近中央有较大的半圆形褐绿色斑，后翅暗褐色，基部上方有赭色斑，后角附近枯黄色。

习性：幼虫取食豆科植物；河南7—8月灯下可见成虫。

声声慢

（宋） 李清照

寻寻觅觅，冷冷清清，凄凄惨惨戚戚。乍暖还寒时候，最难将息。三杯两盏淡酒，怎敌他、晚来风急！雁过也，正伤心，却是旧时相识。

满地黄花堆积，憔悴损，如今有谁堪摘？守着窗儿，独自怎生得黑！梧桐更兼细雨，到黄昏、点点滴滴。这次第，怎一个愁字了得！

双簇污天牛

学名：*Moechotypa diphysis*（Pascoe，1871）

分类地位：鞘翅目天牛科

分布：中国东北、华东、华北、广西；俄罗斯、朝鲜。

形态特征：成虫体长16~22 mm。体阔，黑色，被黑、灰、棕等色绒毛；复眼上、下叶间仅一线相连；触角柄节肥大，梗节最小，第3节最长；雄虫触角略长于体长，雌虫略短于体长。前胸背板及鞘翅有许多瘤状突起，鞘翅瘤突上常被黑色绒毛；鞘翅基部1/5处各有一丛黑色长毛，极为明显。

习性：华北2年发生1代。5—6月成虫出现。交尾后雌虫在枝干的缝隙处或枝杈处产卵。寄主为栎树。

归园田居五首（其一）

（东晋） 陶渊明

少无适俗韵，性本爱丘山。
误落尘网中，一去三十年。
羁鸟恋旧林，池鱼思故渊。
开荒南野际，守拙归园田。
方宅十余亩，草屋八九间。
榆柳荫后檐，桃李罗堂前。
暧暧远人村，依依墟里烟。
狗吠深巷中，鸡鸣桑树颠。
户庭无尘杂，虚室有余闲。
久在樊笼里，复得返自然。

华螳瘤蝽

学名：*Cnizocoris sinensis* Kormilev，1957

分类地位：半翅目猎蝽科

分布：中国北京、内蒙古、河北、山西、陕西、河南、甘肃、江苏。

形态特征：成虫体长8.9～10.6 mm。黄褐色至棕褐色。触角雌虫棕红色，雄虫第4节端半黑褐色；第1节圆筒形，第2节近柱形，第3节棍棒形，第4节纺锤形。喙基部两节较粗壮，端节较尖细。前胸背板前角较尖，向前突出，侧角尖齿状向两侧突出，前叶和后叶的亚侧部有1对明显的纵隆。前翅略微超过腹部末端。腹部有明显的雌雄二型现象，雄性的腹部窄椭圆形，雌性的腹部近圆形；腹部末端中央稍凹入。

习性：捕食性，多生活在山地植物上，喜欢伏在花序上等待伏击其他中小型昆虫。

兵车行（节选）

（唐） 杜甫

车辚辚，马萧萧，行人弓箭各在腰。
爷娘妻子走相送，尘埃不见咸阳桥。
牵衣顿足拦道哭，哭声直上干云霄。
道旁过者问行人，行人但云点行频。
或从十五北防河，便至四十西营田。
去时里正与裹头，归来头白还戍边。

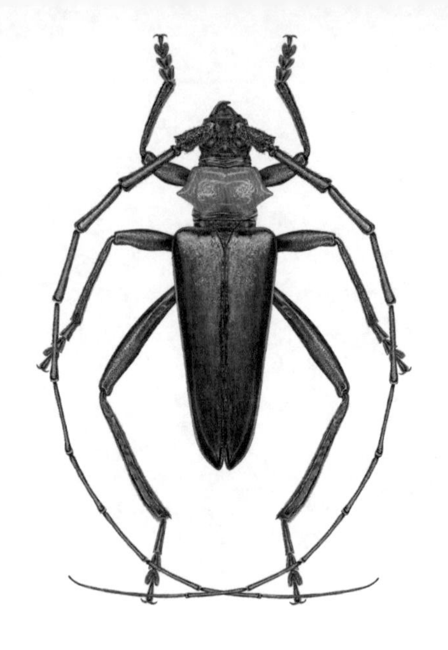

桃红颈天牛

学名：*Aromia bungii*（Faldermann，1835）

分类地位：鞘翅目天牛科

分布：西北和西藏以外的中国大部；朝鲜。

形态特征：成虫体长28～37 mm，黑色，有光亮。头部复眼间有深沟；前胸背板红色，背面有4个光滑疣突，有角状侧刺突；鞘翅翅面光滑，基部比前胸宽，端部渐狭；触角蓝紫色，雄虫触角超过体长4～5节，雌虫超过1～2节。

习性：华北2年发生1代。幼虫蛀干危害桃、杏、李、梅、樱桃等树木。

兵车行（节选）

（唐） 杜甫

边庭流血成海水，武皇开边意未已。

君不闻汉家山东二百州，千村万落生荆杞。

纵有健妇把锄犁，禾生陇亩无东西。

况复秦兵耐苦战，被驱不异犬与鸡。

长者虽有问，役夫敢申恨？

且如今年冬，未休关西卒。

拼图游戏：

剪下藏在书中的24张局部图片（下图），
拼成一幅完整的图画吧！

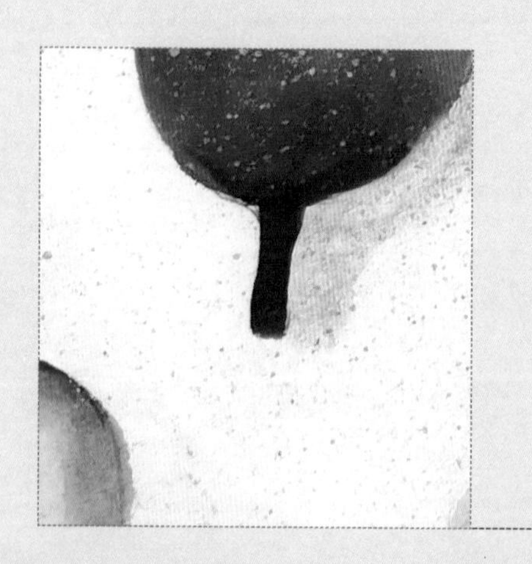

兵车行（节选）

（唐） 杜甫

县官急索租，租税从何出？

信知生男恶，反是生女好。

生女犹得嫁比邻，生男埋没随百草。

君不见，青海头，古来白骨无人收。

新鬼烦冤旧鬼哭，天阴雨湿声啾啾。

绿尾大蚕蛾

学名：*Actias ningpoana* Felder et Felder，1862

分类地位：鳞翅目大蚕蛾科

分布：西北以外的中国大部；俄罗斯。

绿尾大蚕蛾成虫为什么会不吃不喝呢?

绿尾大蚕蛾是较大型的蛾类，翅粉绿色，后翅有较长的尾状突，飞行时后翅的尾突像仙女长长的袖子。其实，绿尾大蚕蛾成虫后只能活一个星期，因为它从蛹内孵化后就没有了用来吃东西的口器，所以成虫不吃不喝，只能依靠幼虫时期积累下的营养来生活。所以在幼虫时期，绿尾大蚕蛾就会疯狂进食，一天就能吃下自己体重1500倍的食物，等到身体内的营养消耗完，绿尾大蚕蛾成虫就死去了。

忆江南（其二）

（唐） 温庭筠

梳洗罢，独倚望江楼。过尽千帆皆不是，斜晖脉脉水悠悠，肠断白蘋洲。

白须天蛾

学名：*Kentrochrysalis sieversi* Alpheraky，1897

分类地位：鳞翅目天蛾科

分布：中国陕西、河南、河北、黑龙江。

形态特征：翅展90～120 mm；头部灰白色；触角前侧灰褐色，后侧各节覆有白色鳞片。翅基片外缘灰白色，内缘黑色；后胸两侧各有黑、白色斑1对。腹部背线黑褐色，各节两侧有较明显的黑色斑块；前翅灰黑色，外线双线，棕黑色，呈锯齿状；中室及其前方有较明显的灰白色斑，斑两侧有黑色鳞毛组成的横纹；后翅灰褐色，臀角内侧浅灰色。

习性：幼虫危害木樨科植物叶片和嫩枝。

山行

（唐） 杜牧

远上寒山石径斜，
白云生处有人家。
停车坐爱枫林晚，
霜叶红于二月花。

杨小舟蛾

学名：*Micromelalopha sieversi* Staudinger，1892

分类地位：鳞翅目舟蛾科

分布：中国华北、东北、华中、西南等地；日本、朝鲜、俄罗斯。

形态特征：成虫翅展24～26 mm；体色变化较多，有黄褐、红褐和暗褐等色。前翅有3条具暗边的灰白色横线，内横线像1对小括号“（）”，中横线像“八”字形，外横线像倒“八”字的波浪形；后翅臀角有1个褐色或红褐色小斑。

习性：幼虫危害杨、柳等树木叶片。

马说

（唐） 韩愈

世有伯乐，然后有千里马。千里马常有，而伯乐不常有。故虽有名马，祇辱于奴隶人之手，骈死于槽枥之间，不以千里称也。

马之千里者，一食或尽粟一石。食马者不知其能千里而食也。是马也，虽有千里之能，食不饱，力不足，才美不外见，且欲与常马等不可得，安求其能千里也?

策之不以其道，食之不能尽其材，鸣之而不能通其意，执策而临之，曰：“天下无马！”呜呼！其真无马邪？其真不知马也！

涂色游戏：

发挥你的想象，给美丽的翅膀涂上颜色吧！

九月九日忆山东兄弟

（唐） 王维

独在异乡为异客，每逢佳节倍思亲。
遥知兄弟登高处，遍插茱萸少一人。

白肩天蛾

学名：*Rhagastis mongoliana*（Butler，1876）

分类地位：鳞翅目天蛾科

分布：西藏以外的中国大部；蒙古、朝鲜、日本、俄罗斯。

形态特征：翅长23～30 mm。体翅暗褐色，头部及翅基片两侧白色，触角棕黄色，胸部后缘两侧有橙黄色毛丛。前翅中部有不明显的黑褐色横带，顶角有1个黑褐色尖形小斑，近外缘呈灰褐色，后缘近基部白色；后翅灰褐色，近后角有黄褐色斑。

习性：寄主有葡萄、乌蔹梅、凤仙花等植物；1年发生2代，成虫5—8月出现。

石头城

（唐） 刘禹锡

山围故国周遭在，
潮打空城寂寞回。
淮水东边旧时月，
夜深还过女墙来。

倒钩带蛱蝶

学名：*Athyma recurva*（Leech，1892）

分类地位：鳞翅目蛱蝶科

分布：中国四川、河南等地。

形态特征：翅正面黑褐色，斑纹白色，前翅中室内有1个明显的倒钩状纹，柄细、末端的钩大而尖，指向上后方。前后翅中横列与外横列斑细；翅反面红褐色或黑黄褐色，后翅肩区白色斑在翅前缘与中横带前端相连。

习性：成虫喜食花粉、花蜜、植物汁液。

同儿辈赋未开海棠二首（其二）

（金） 元好问

枝间新绿一重重，
小蕾深藏数点红。
爱惜芳心莫轻吐，
且教桃李闹春风。

拼图游戏：

剪下藏在书中的24张局部图片（下图），
拼成一幅完整的图画吧！

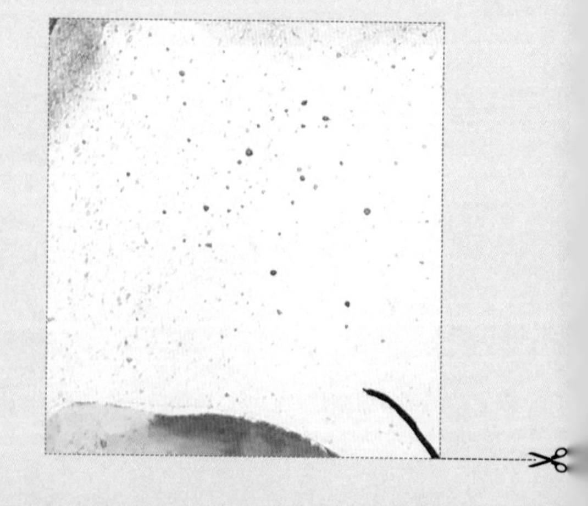

琵琶行（节选）

（唐） 白居易

浔阳江头夜送客，枫叶荻花秋瑟瑟。
主人下马客在船，举酒欲饮无管弦。
醉不成欢惨将别，别时茫茫江浸月。
忽闻水上琵琶声，主人忘归客不发。
寻声暗问弹者谁，琵琶声停欲语迟。
移船相近邀相见，添酒回灯重开宴。
千呼万唤始出来，犹抱琵琶半遮面。

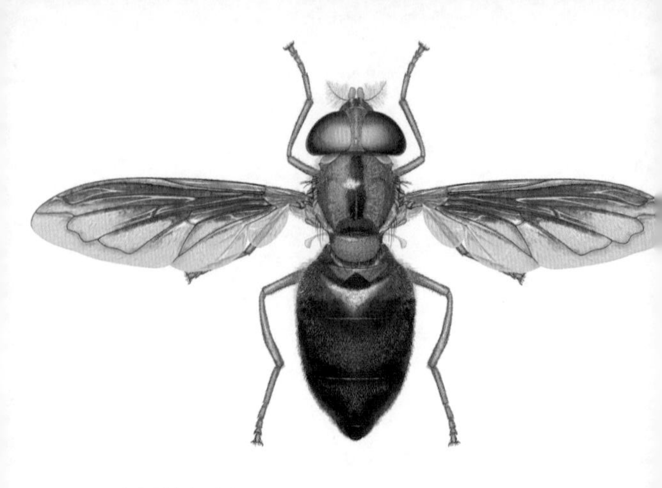

亮丽蜂蚜蝇

学名：*Volucella nitobei* Matsumura，1916

分类地位：双翅目食蚜蝇科

分布：河南、华东、四川。

食蚜蝇有哪些特点？

食蚜蝇全世界有5000多种呢！它们很像蜜蜂，不过只有2个翅，后翅退化了。亮丽蜂蚜蝇的幼虫和普通的食蚜蝇幼虫不同，体型更大，显著扁平，身体两侧各有1排刺。它的幼虫可以模拟胡蜂幼虫的形态，隐藏于胡蜂巢内，取食胡蜂的幼虫，偶尔老熟幼虫也可攻击胡蜂成虫。食蚜蝇的幼虫有很多种类可以捕食蚜虫，还有种类是取食植物组织的，也有腐生的，食性较为复杂。捕食性的种类中除了捕食胡蜂幼虫外，还有捕食鳞翅目幼虫和叶蜂幼虫的。

登高

（唐） 杜甫

风急天高猿啸哀，渚清沙白鸟飞回。
无边落木萧萧下，不尽长江滚滚来。
万里悲秋常作客，百年多病独登台。
艰难苦恨繁霜鬓，潦倒新停浊酒杯。

白薯天蛾

学名：*Agrius convolvuli*（Linnaeus，1758）

分类地位：鳞翅目天蛾科

分布：中国东南、华南、台湾。

形态特征：成虫体长约50 mm；体翅暗灰色；翅基片有黑色纵线；腹部背面灰色，两侧各节有白、红、黑3条横线。前翅中横线及外横线各为2条深棕色的尖锯齿状带，顶角有黑色斜纹；后翅有4条暗褐色横带。

习性：主要危害甘薯、扁豆、赤豆、牵牛花、魔芋等。

蝶

（唐） 李商隐

孤蝶小徘徊，
翩翾粉翅开。
并应伤皎洁，
频近雪中来。

绢粉蝶

学名：*Aporia crataegi*（Linnaeus，1758）

分类地位：鳞翅目粉蝶科

分布：中国东北、西北、华北、华中；朝鲜、日本、俄罗斯、西欧、北非。

形态特征：翅展63～73 mm，翅面白色微微发黄，翅脉明显，呈黑褐色，翅面无斑纹，前翅外缘有灰暗色三角斑纹。

习性：幼虫以山楂叶片及嫩枝为食，也可危害苹果、梨、杏、桃、樱桃、鼠李、杨等植物。

雁门太守行

（唐） 李贺

黑云压城城欲摧，甲光向日金鳞开。
角声满天秋色里，塞上燕脂凝夜紫。
半卷红旗临易水，霜重鼓寒声不起。
报君黄金台上意，提携玉龙为君死。

星天牛

学名：*Anoplophora chinensis*（Forster，1771）

分类地位：鞘翅目天牛科

分布：西北及西藏以外的中国大部；东亚、缅甸、北美。

形态特征：成虫体长25～35 mm。体漆黑色，翅鞘散生许多白点，白点大小个体差异颇大。触角性二型显著，雄虫触角超过体长4～5节，雌虫稍过体长1～2节；触角3～11节基部灰蓝色，端部黑色。前胸背板侧刺突显著；鞘翅基部有颗粒状突起。各足密被灰蓝色绒毛，后足胫节端部黑色除外。

习性：华北地区1年发生1代，以幼虫越冬。成虫取食枝梢嫩皮。幼虫蛀干危害多种林木。

蜀道难（节选）

（唐） 李白

噫吁嚱，危乎高哉！

蜀道之难，难于上青天！

蚕丛及鱼凫，开国何茫然！

尔来四万八千岁，不与秦塞通人烟。

西当太白有鸟道，可以横绝峨眉巅。

地崩山摧壮士死，然后天梯石栈相钩连。

上有六龙回日之高标，下有冲波逆折之回川。

黄鹤之飞尚不得过，猿猱欲度愁攀援。

桑剑纹夜蛾

学名：*Acronicta major* Bremer，1861

分类地位：鳞翅目夜蛾科

分布：华北、东北、华中、西南；日本、俄罗斯。

形态特征：成虫体长27～29 mm，翅展62～69 mm。头部及胸部灰白色略带褐色；前翅灰白色，基剑纹1条，较长，黑色，端部分支；端剑纹2条，较短，黑色。外横线较完整，基横线、内横线、中横线仅前半段较显著。缘线为1列黑点；环纹圆形，肾纹斜长圆形，中央有1个黑条。后翅淡褐色，外横线褐色，横脉纹暗褐色。

习性：寄主为香椿、山楂、桃、李、杏、梅、柑橘、桑等。

蜀道难（节选）

（唐） 李白

青泥何盘盘，百步九折萦岩峦。

扪参历井仰胁息，以手抚膺坐长叹。

问君西游何时还？畏途巉岩不可攀。

但见悲鸟号古木，雄飞雌从绕林间。

又闻子规啼夜月，愁空山。

蜀道之难，难于上青天，使人听此凋朱颜！

连峰去天不盈尺，枯松倒挂倚绝壁。

中华婪步甲

学名：*Harpalus sinicus* Hope，1845

分类地位：鞘翅目步甲科

分布：华北以南中国大部；朝鲜、日本、俄罗斯。

形态特征：成虫体长约14.3 mm。体黑色，有光泽。触角短，长度与体宽接近。复眼大，内侧各有1根细长刚毛。前胸背板近方形，宽略大于长，最宽处在中部；前缘有1横排细毛；后缘近平直，侧缘弧形，侧缘两端各有刚毛1根；中纵沟细，不达两端。每鞘翅有9条纵沟，第7条沟端部有1个毛穴，第9行距有1列毛穴。雄虫前跗节稍膨大，前、中足跗节1～4节腹面有黏毛。

习性：夜间活动，捕食地表节肢动物，但也能取食各类作物的种子。成虫出现于6—9月，是农田重要的天敌昆虫。

蜀道难（节选）

（唐） 李白

飞湍瀑流争喧豗，砯崖转石万壑雷。

其险也如此，嗟尔远道之人胡为乎来哉！

剑阁峥嵘而崔嵬，一夫当关，万夫莫开。

所守或匪亲，化为狼与豺。

朝避猛虎，夕避长蛇，磨牙吮血，杀人如麻。

锦城虽云乐，不如早还家。

蜀道之难，难于上青天，侧身西望长咨嗟！

白蜡卷须野螟

学名：*Palpita nigropunctalis* Bremer，1864

分类地位：鳞翅目草螟科

分布：中国东北、华北、华东、陕西、云南。

形态特征：翅展28～30 mm。乳白色带闪光，头部白色，额棕黄色，头顶黄褐色。胸部及腹部皆白色，翅白色半透明有光泽。后翅中室端有黑色斜纹，亚缘线暗褐色，中室下方有1个黑点，各脉端有黑点，缘毛白色。

习性：华北1年1代，6—8月是幼虫危害盛期。

赠刘景文

（宋） 苏轼

荷尽已无擎雨盖，
菊残犹有傲霜枝。
一年好景君须记，
正是橙黄橘绿时。

美眼蛱蝶

学名：*Junonia almana*（Linnaeus，1758）

分类地位：鳞翅目蛱蝶科

分布：华中以南中国大部；日本、东南亚、南亚。

美眼蛱蝶为何“大眼瞪小眼”？

说到颜值高的蝴蝶，美眼蛱蝶绝对算得上是其中的翘楚。美眼蛱蝶是鳞翅目蛱蝶科眼蛱蝶属昆虫，它飞行优雅，喜欢访花吸蜜。美眼蛱蝶翅膀橙黄色，正面具有发达的眼状斑，翅反面拟态枯叶状。尤其是后翅正面上的那对“眼睛”，真是又大又迷人！当然，那不过只是它的眼斑，并不是真正的眼睛。前翅也有眼斑，但是要小一些，也没有后翅的色彩鲜艳。平时后翅的眼斑一般不显露出来，当遇到危险，比如小鸟捕食时，它会展开一对大眼睛突然吓小鸟一跳，趁机迅速逃之夭夭。

竹石

（清） 郑燮

咬定青山不放松，
立根原在破岩中。
千磨万击还坚劲，
任尔东西南北风。

蓝目天蛾

学名：*Smerinthus planus* Walker，1856

分类地位：鳞翅目天蛾科

分布：中国华北、东北；朝鲜、日本、俄罗斯。

形态特征：翅展80～90 mm。体翅黄褐色，前胸背板中央棕褐色；前翅基部黄褐色，向臀角上方发出1个刺形斑；中室端有1个明显的灰白色小斑，其下方有较大棕褐色斑，被翅基部外伸的刺形斑隔断；内横线显著波折，褐色，后半部分内侧和外侧各有1个短横线斑；外横线波状纹深褐色，前方2/5显著变淡且位于倒置斜三角形黄褐色背景区域中；亚缘线黄褐色，后半部分明显；翅外缘线自顶角以下为深褐色。后翅淡黄褐色，翅中部粉红色，翅后缘近臀角处有1个大的眼形斑，眼斑周围有黑色环纹。

习性：幼虫寄主有柳、桃、樱桃、苹果、沙果、梅等植物。

梦游天姥吟留别（节选）

（唐） 李白

海客谈瀛洲，烟涛微茫信难求；
越人语天姥，云霞明灭或可睹。
天姥连天向天横，势拔五岳掩赤城。
天台四万八千丈，对此欲倒东南倾。
我欲因之梦吴越，一夜飞度镜湖月。
湖月照我影，送我至剡溪。
谢公宿处今尚在，渌水荡漾清猿啼。

白带网丛螟

学名：*Teliphasa albifusa*（Hampson，1896）

分类地位：鳞翅目螟蛾科

分布：中国华北、华中、华东、西南、华南、台湾。

形态特征：成虫体长18 mm左右，翅展34～38 mm。头部黄色至土黄色。前翅基部黄色，掺杂黑色鳞片，中部白色，散布黄绿色鳞片；端部灰褐色，散布淡黄色或黄褐色鳞片，或者黑褐色鳞片。

习性：基础生物学不详。

梦游天姥吟留别（节选）

（唐） 李白

脚著谢公屐，身登青云梯。
半壁见海日，空中闻天鸡。
千岩万转路不定，迷花倚石忽已暝。
熊咆龙吟殷岩泉，栗深林兮惊层巅。
云青青兮欲雨，水澹澹兮生烟。
列缺霹雳，丘峦崩摧。
洞天石扉，訇然中开。

全蝽

学名：*Homalogonia obtusa*（Walker，1868）

分类地位：半翅目蝽科

分布：中国大部。

形态特征：成虫体长12～15 mm，宽7～9 mm。宽椭圆形，黄褐色至黑褐色，密被黑刻点。触角红褐色至黑褐色，向端部逐渐加深；末节基半乳黄色。前胸背板前侧缘稍内凹，前半具锯齿，侧角钝圆，胝区后方横列4个小白点。

习性：不完全变态。吸食大豆、玉米、苹果及其他蔷薇科植物的汁液。

梦游天姥吟留别（节选）

（唐） 李白

青冥浩荡不见底，日月照耀金银台。

霓为衣兮风为马，云之君兮纷纷而来下。

虎鼓瑟兮鸾回车，仙之人兮列如麻。

忽魂悸以魄动，恍惊起而长嗟。

惟觉时之枕席，失向来之烟霞。

世间行乐亦如此，古来万事东流水。

别君去兮何时还？且放白鹿青崖间，须行即骑访名山。

安能摧眉折腰事权贵，使我不得开心颜？

涂色游戏:

发挥你的想象，给美丽的翅膀涂上颜色吧!

氓（节选）

（秦） 佚名

氓之蚩蚩，抱布贸丝。
匪来贸丝，来即我谋。
送子涉淇，至于顿丘。
匪我愆期，子无良媒。
将子无怒，秋以为期。

乘彼垝垣，以望复关。
不见复关，泣涕涟涟。
既见复关，载笑载言。
尔卜尔筮，体无咎言。
以尔车来，以我贿迁。

小翅姬蝽

学名：*Nabis apicalis* Matsumura，1913

分类地位：半翅目姬蝽科

分布：中国华中、华东、西南、广西。

形态特征：成虫体长5～6 mm。体黄褐色至深褐色，触角淡黄色，第2节端部褐色，头背面、腹面及眼后部两侧黑褐色。前胸背板前叶有深色云形斑，小盾片中部褐色，两侧浅黄色。

习性：主要栖息在乔木、灌木丛中及作物田、菜田中捕食小型昆虫。

氓（节选）

（秦） 佚名

桑之未落，其叶沃若。
于嗟鸠兮，无食桑葚。
于嗟女兮，无与士耽。
士之耽兮，犹可说也。
女之耽兮，不可说也。

桑之落矣，其黄而陨。
自我徂尔，三岁食贫。
淇水汤汤，渐车帷裳。
女也不爽，士贰其行。
士也罔极，二三其德。

拼图游戏：

剪下藏在书中的24张局部图片（下图），
拼成一幅完整的图画吧！

氓（节选）

（秦） 佚名

三岁为妇，靡室劳矣。
夙兴夜寐，靡有朝矣。
言既遂矣，至于暴矣。
兄弟不知，咥其笑矣。
静言思之，躬自悼矣。

及尔偕老，老使我怨。
淇则有岸，隰则有泮。
总角之宴，言笑晏晏，
信誓旦旦，不思其反。
反是不思，亦已焉哉。

青凤蝶

学名：*Graphium sarpedon*（Linnaeus，1758）

分类地位：鳞翅目凤蝶科

分布：华北以南；日本、东南亚。

青凤蝶是如何吸引异性的呢?

青凤蝶是辨识度较高的蝴蝶之一，黑色翅膀上点缀着一排水蓝色的带状纹。凤蝶一类的蝴蝶一般在翅膀后面有1对飘带，也就是尾突。但青凤蝶不同，它的后翅没有尾突。青凤蝶是如何吸引异性的呢？原来雄蝶后翅有一些特殊的香鳞，可以释放出雄蝶特有的香味，当雌蝶靠近时，雄蝶甚至会用后翅接触雌蝶的触角，促使雌蝶产生好感，进行配对繁殖。

秋词二首（其一）

（唐） 刘禹锡

自古逢秋悲寂寥，我言秋日胜春朝。

晴空一鹤排云上，便引诗情到碧霄。

白斑狭地长蝽

学名：*Panaorus albomaculatus*（Scot，1874）

分类地位：半翅目长蝽科

分布：中国东部；日本、朝鲜、中亚。

形态特征：成虫体长7~8 mm。体暗褐色至黑色，前翅革片近端部有1个不规则大白斑，直达革片前缘。小盾片端部两侧各有1个窄细纵斑。头部、前胸前叶、小盾片均黑色。各足股节端部大半黑色，触角第1节黑色。前胸背板侧缘黄褐色，革片前缘基部一半黄褐色，触角端部3节基部约1/3黄褐色。

习性：不完全变态。生活在地表的草丛中，以植物种子为食。

醉翁亭记（节选）

（宋） 欧阳修

环滁皆山也。其西南诸峰，林壑尤美，望之蔚然而深秀者，琅琊也。山行六七里，渐闻水声潺潺，而泻出于两峰之间者，酿泉也。峰回路转，有亭翼然临于泉上者，醉翁亭也。作亭者谁？山之僧智仙也。名之者谁？太守自谓也。太守与客来饮于此，饮少辄醉，而年又最高，故自号曰醉翁也。醉翁之意不在酒，在乎山水之间也。山水之乐，得之心而寓之酒也。

黄痣苔蛾

学名：*Stigmatophora flava*（Bremer et Grey，1852）

分类地位：鳞翅目灯蛾科

分布：中国广泛分布。

形态特征：翅展31～43 mm。体黄白色；头部土黄色，下唇须顶端及前足散布紫褐色，前缘基部有短黑边，内线处倾斜排列3个黑点，外线处6～7个黑点，亚缘线2个黑点；前翅反面中央散布暗褐色鳞片。

习性：见于杂草及灌丛。寄主有高粱、玉米、桑等植物。

醉翁亭记（节选）

（宋）欧阳修

若夫日出而林霏开，云归而岩穴暝，晦明变化者，山间之朝暮也。野芳发而幽香，佳木秀而繁阴，风霜高洁，水落而石出者，山间之四时也。朝而往，暮而归，四时之景不同，而乐亦无穷也。

平背天蛾

学名：*Cechenena minor*（Butler，1875）

分类地位：鳞翅目天蛾科

分布：中国华北、华中、华南；印度、泰国、马来西亚。

形态特征：翅展70～80 mm；头部黄褐色；腹部背面有4条淡褐色纵线；前翅褐色，自顶角至后缘有棕色斜线6条，翅基部有黑斑，中室端有1个黑点；后翅基部灰黑色，臀角前方有1个不规则淡色斑。

习性：幼虫危害何首乌等植物的叶片及嫩枝。

醉翁亭记（节选）

（宋） 欧阳修

至于负者歌于途，行者休于树，前者呼，后者应，伛偻提携，往来而不绝者，滁人游也。临溪而渔，溪深而鱼肥。酿泉为酒，泉香而酒洌，山肴野蔌，杂然而前陈者，太守宴也。宴酣之乐，非丝非竹，射者中，弈者胜，觥筹交错，起坐而喧哗者，众宾欢也。苍颜白发，颓然乎其间者，太守醉也。

蟪蛄

学名：*Platypleura kaempferi*（Fabricius，1794）

分类地位：半翅目蝉科

分布：中国华北、西北、东北、华中、华南等地。

形态特征：成虫长约22 mm，为较小型的蝉，体短阔，暗绿色，杂黑色或黄褐色斑。前胸两侧叶突出，中胸背面有2对倒圆锥形纹，外侧1对特别大。腹部各节黑色，后缘暗绿色。前翅端室8个，有杂乱黑褐色云状斑纹，斑间具透明区域。

习性：5—6月羽化，从早到晚鸣叫。危害杨、柳、法桐、槐、枫杨、椿等多种树木。

醉翁亭记（节选）

（宋） 欧阳修

已而夕阳在山，人影散乱，太守归而宾客从也。树林阴翳，鸣声上下，游人去而禽鸟乐也。然而禽鸟知山林之乐，而不知人之乐；人知从太守游而乐，而不知太守之乐其乐也。醉能同其乐，醒能述以文者，太守也。太守谓谁？庐陵欧阳修也。

日本鹰翅天蛾

学名：*Ambulyx japonica* Rothschild，1894

分类地位：鳞翅目天蛾科

分布：中国华北、华南、西南；朝鲜、日本。

形态特征：翅展90～100 mm。体翅灰褐色；胸背两侧有黑色纵斑，腹部第6节背面两侧有黑褐色斑；前翅基部有1个小黑点，内线黑褐色较宽，中线波状纹较细不明显；中室端线位置有1个显著的小黑点；外线宽阔，黑褐色，外侧色深而内侧色淡，外缘有窄细的内凸灰带，在翅前缘区域色淡并杂以3～4条短横纹；翅顶角向下弯呈鹰嘴状。后翅橙黄色，上密布黑褐色点；中线、亚外缘线和外缘线明显；外缘波折状。

习性：幼虫取食槭树叶片及嫩枝。

夜雨寄北

（唐） 李商隐

君问归期未有期，
巴山夜雨涨秋池。
何当共剪西窗烛，
却话巴山夜雨时。

拼图游戏：

剪下藏在书中的24张局部图片（下图），
拼成一幅完整的图画吧！

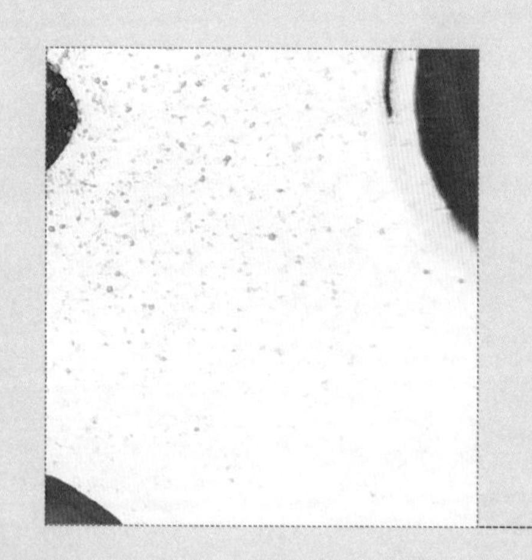

潼关

（清） 谭嗣同

终古高云簇此城，
秋风吹散马蹄声。
河流大野犹嫌束，
山入潼关不解平。

芝麻鬼脸天蛾

学名：*Acherontia styx* Westwood，1848

分类地位：鳞翅目天蛾科

分布：华北以南中国大部；朝鲜、日本、缅甸、印度、斯里兰卡。

芝麻鬼脸天蛾为什么喜欢到蜂箱里偷蜜吃？

芝麻鬼脸天蛾的前翅伸展开的宽度有90~120 mm，是体型很大的蛾类昆虫。蛾类和蝴蝶类似，都有一个像钟表发条一样的喙，平时卷成一卷，藏在头的下面，飞到花朵上时喙就会伸展开，伸到花朵的深处吸取花蜜，同时给植物花朵授粉。蛾类通常是晚上飞行活动，找到花朵吸取花蜜。蜂巢的六角形巢房里存储着蜜蜂采集的花蜜，芝麻鬼脸天蛾用触角可以嗅到蜂蜜的花香气味，如果巢门档（蜂箱下面的一个长木条，大流蜜时，蜂农会故意打开方便蜜蜂采蜜）是开放的，芝麻鬼脸天蛾就会钻进蜂巢，用喙吸取花蜜。蜜蜂受惊严重时，会弃巢飞逃。所以，芝麻鬼脸天蛾是养蜂业的大害虫。

秋浦歌十七首（其十四）

（唐） 李白

炉火照天地，
红星乱紫烟。
赧郎明月夜，
歌曲动寒川。

桑褐刺蛾

学名：*Setora postornata*（Hampson，1900）

分类地位：鳞翅目刺蛾科

分布：中国华北、西北、华中、华南、西南等地区。

形态特征：成虫体长15~16 mm，灰褐色。雌虫触角线状，雄虫双栉齿状；前翅中部有“八”字形斜纹，把翅分成3段；后翅深褐色，前足腿节有银白色斑块1个。雌蛾体色和斑纹均较雄蛾淡。

习性：寄主有桉树、樱花、梨、栗、柿、桑、茶、柑橘等植物。

白雪歌送武判官归京

（唐） 岑参

北风卷地白草折，胡天八月即飞雪。
忽如一夜春风来，千树万树梨花开。
散入珠帘湿罗幕，狐裘不暖锦衾薄。
将军角弓不得控，都护铁衣冷难着。
瀚海阑干百丈冰，愁云惨淡万里凝。
中军置酒饮归客，胡琴琵琶与羌笛。
纷纷暮雪下辕门，风掣红旗冻不翻。
轮台东门送君去，去时雪满天山路。
山回路转不见君，雪上空留马行处。

丝棉木金星尺蛾

学名：*Abraxas suspecta* Warren，1894

分类地位：鳞翅目尺蛾科

分布：中国华北、华中、台湾、四川。

形态特征：翅展约40 mm。翅白色，有暗灰色碎杂斑，前翅翅基、前后翅臀角分别有锈黄色斑。

习性：1年发生2~3代。寄主有丝棉木、木槿、卫矛、女贞、杨、柳、榆等植物。

行路难（其一）

（唐） 李白

金樽清酒斗十千，玉盘珍羞直万钱。
停杯投箸不能食，拔剑四顾心茫然。
欲渡黄河冰塞川，将登太行雪满山。
闲来垂钓碧溪上，忽复乘舟梦日边。
行路难，行路难，多歧路，今安在？
长风破浪会有时，直挂云帆济沧海。

霜天蛾

学名：*Psilogramma menephron*（Cramer，1780）

分类地位：鳞翅目天蛾科

分布：中国华北以南；朝鲜、日本、东南亚、大洋洲。

形态特征：翅展100～130 mm。头部灰褐色；体翅灰黑色，前胸背板两侧及后胸处有黑色鳞毛组成的“U”形纹；腹部背线棕黑色，两侧有与背线平行的棕黑色纵带；前翅外线处有略深灰色斑纹，中室下方有2条黑色横纹，下方1条较短，翅顶角处有1条黑色纹；后翅棕黑色，臀角内侧有灰白色斑纹。

习性：幼虫危害丁香、梧桐、女贞、泡桐、梓、楸等植物叶片及嫩枝。

北冥有鱼

选自《庄子》

北冥有鱼，其名为鲲。鲲之大，不知其几千里也；化而为鸟，其名为鹏。鹏之背，不知其几千里也；怒而飞，其翼若垂天之云。是鸟也，海运则将徙于南冥。南冥者，天池也。《齐谐》者，志怪者也。《谐》之言曰：“鹏之徙于南冥也，水击三千里，抟扶摇而上者九万里，去以六月息者也。”野马也，尘埃也，生物之以息相吹也。天之苍苍，其正色邪？其远而无所至极邪？其视下也，亦若是则已矣。

涂色游戏:

发挥你的想象，给美丽的翅膀涂上颜色吧！

虽有嘉肴

选自《礼记》

虽有嘉肴，弗食，不知其旨也；虽有至道，弗学，不知其善也。是故学然后知不足，教然后知困。知不足，然后能自反也；知困，然后能自强也。故曰：教学相长也。《兑命》曰“学学半”，其此之谓乎！

甘薯异羽蛾

学名：*Emmelina monodactyla*（Linnaeus，1758）

分类地位：鳞翅目羽蛾科

分布：中国西北、华北、东北、华中、华东；日本、印度、中亚、西亚、欧洲、北非、北美。

形态特征：成虫体长约9 mm，翅展20～22 mm，体灰褐色，触角淡褐色。前翅灰褐色披有黄褐色鳞毛，翅面上有2个黑色大斑点，后缘有分散的小黑斑点。腹部前端有三角形白斑，背线白色，两侧灰褐色。

习性：主要危害甘薯等作物，1年发生2代。

记承天寺夜游

（宋） 苏轼

元丰六年十月十二日夜，解衣欲睡，月色入户，欣然起行。念无与为乐者，遂至承天寺寻张怀民。怀民亦未寝，相与步于中庭。庭下如积水空明，水中藻、荇交横，盖竹柏影也。何夜无月？何处无竹柏？但少闲人如吾两人者耳。

拼图游戏：

剪下藏在书中的24张局部图片（下图），

拼成一幅完整的图画吧！

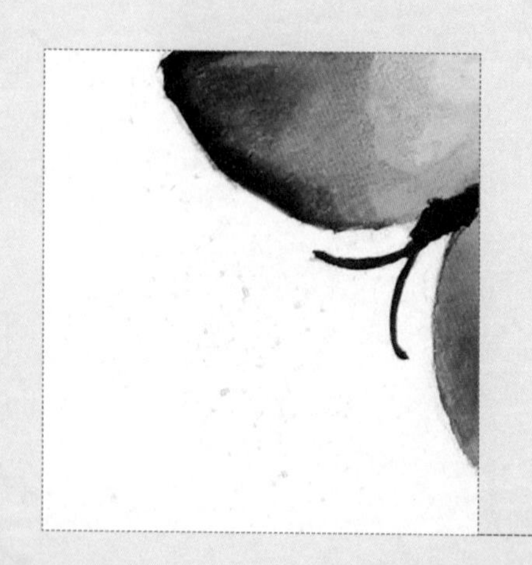

大道之行也

选自《礼记》

大道之行也，天下为公。选贤与能，讲信修睦。故人不独亲其亲，不独子其子，使老有所终，壮有所用，幼有所长，矜、寡、孤、独、废疾者皆有所养，男有分，女有归。货恶其弃于地也，不必藏于己；力恶其不出于身也，不必为己。是故谋闭而不兴，盗窃乱贼而不作，故外户而不闭。是谓大同。

黑蕊舟蛾

学名：*Dudusa sphingiformis*（Moore，1872）

分类地位：鳞翅目舟蛾科

分布：中国华北、华中、华南等地区；朝鲜、日本、越南、缅甸、印度。

形态特征：成虫体长23~37 mm，翅展75~90 mm；头和触角黑褐色；冠形毛簇端部、后胸、腹部背面、臀毛簇黑褐色；前翅灰黄褐色，基部有1个黑点，前缘有5~6个暗褐色斑点，从翅顶到后缘近基部有1个大三角形斑，缘毛暗褐色；后翅暗褐色，前缘基部和臀角灰褐色。

习性：幼虫取食栾树、槭树等。成虫受惊时腹末有大型冠状毛簇竖立，警遏敌害。

书愤

（宋） 陆游

早岁那知世事艰，中原北望气如山。

楼船夜雪瓜洲渡，铁马秋风大散关。

塞上长城空自许，镜中衰鬓已先斑。

出师一表真名世，千载谁堪伯仲间！

条背天蛾

学名：*Cechenena lineosa*（Walker，1856）

分类地位：鳞翅目天蛾科

分布：华北以南的中国大部；日本、东南亚。

形态特征：翅展90～100 mm，体绿色。额及头顶两侧、胸部两侧有灰白色鳞毛；胸部背线灰色至腹部分为4条并延伸至腹部末端；前翅前缘绿色，中室端部有1个小黑点，自顶角有多条黑褐色线延伸至后缘；后翅基部黑色，有1条枯黄色断续带平行于外缘。

习性：幼虫危害凤仙花、葡萄等植物的叶片及嫩枝。

冬夜读书示子聿八首（其三）

（宋） 陆游

古人学问无遗力，

少壮工夫老始成。

纸上得来终觉浅，

绝知此事要躬行。

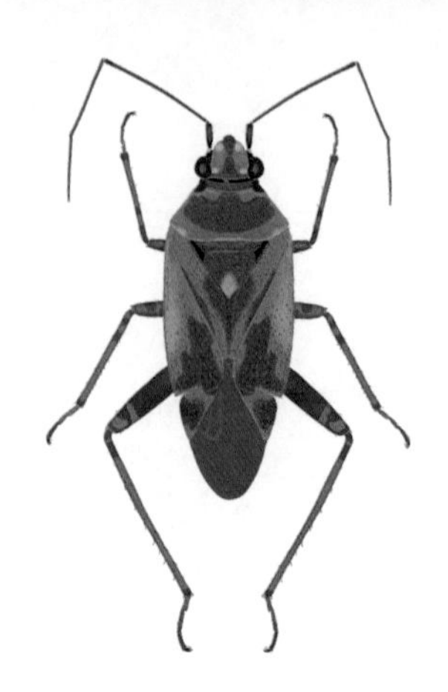

红楔异盲蝽

学名：*Polymerus cognatus*（Fieber，1858）

分类地位：半翅目盲蝽科

分布：中国东北、华北、甘肃、新疆、四川；朝鲜、俄罗斯、土耳其、欧洲。

形态特征：成虫体长4.2～5.3 mm，棕黄色，密被银灰色绒毛。头黑褐色，复眼与触角旁各有一对黄褐色斑。触角第2节雄虫明显较雌虫粗。头后缘有横脊。喙末端伸达足后基节间。前胸背板较平，后缘明显向后呈弧形；领粗约是头顶后缘脊直径的2倍。半鞘翅有刻点。小盾片端部色淡。胫节有深褐色刺毛，跗节第1节短于第2节。

习性：新疆1年发生3～4代，以卵在苜蓿等植物组织内越冬，翌年5月孵化，6月出现成虫。成虫和若虫均可刺吸危害甜菜、菠菜、胡萝卜、芫荽、棉、芝麻、马铃薯等植物。

夜上受降城闻笛

（唐） 李益

回乐烽前沙似雪，
受降城外月如霜。
不知何处吹芦管，
一夜征人尽望乡。

茜草白腰天蛾

学名：*Daphnis hypothous*（Cramer，1780）

分类地位：鳞翅目天蛾科

分布：中国河南、四川、广东、台湾、海南；缅甸、印度。

形态特征：翅展110～120 mm。头部红褐色；触角棕褐色，胸背灰褐色，两侧暗棕色，腹部第1、2节间有黄白色环带；前翅红褐色，基部有1个小黑点，内线红棕色较宽，前翅中线双线黄白色，亚外缘线近Cu_1处弯曲，端线不规则棕红色带，顶角内侧有1个大的黄白斑块，近顶角处有1个小的半圆形白斑。后翅基部黑色，前缘黄白色，亚外缘线外侧棕红色；翅外缘近臀角处有明显弯曲，臀角上方有1个暗褐斑。

习性：幼虫取食茜草科植物叶片及嫩枝。

小石潭记（节选）

（唐） 柳宗元

从小丘西行百二十步，隔篁竹，闻水声，如鸣佩环，心乐之。伐竹取道，下见小潭，水尤清冽。全石以为底，近岸，卷石底以出，为坻，为屿，为嵁，为岩。青树翠蔓，蒙络摇缀，参差披拂。

潭中鱼可百许头，皆若空游无所依，日光下澈，影布石上。佁然不动，俶尔远逝，往来翕忽。似与游者相乐。

潭西南而望，斗折蛇行，明灭可见。其岸势犬牙差互，不可知其源。

核桃美舟蛾

学名：*Uropyia meticulodina*（Oberthür，1884）

分类地位：鳞翅目舟蛾科

分布：中国东北、华北、华中、西南；日本、朝鲜、俄罗斯。

形态特征：翅展44～65 mm。头部赭褐色，前翅暗棕色，前后缘各有一大块黄褐色纵斑，每斑内有4条双线横线，内侧暗褐色，外侧淡褐色。

习性：幼虫取食核桃、核桃楸的叶片及嫩枝。

小石潭记（节选）

（唐） 柳宗元

坐潭上，四面竹树环合，寂寥无人，凄神寒骨，悄怆幽邃。以其境过清，不可久居，乃记之而去。

同游者：吴武陵，龚古，余弟宗玄。隶而从者，崔氏二小生，曰恕己，曰奉壹。

缺角天蛾

学名：*Acosmeryx castanea* Rothschild et Jordan，1903

分类地位：鳞翅目天蛾科

分布：中国河南、四川、湖南、台湾、云南；日本。

形态特征：翅展70～90 mm，身体暗褐色，腹部背面棕褐色，分节显著。前翅灰褐色，色斑杂乱，各横线深棕色波状，翅顶角后方凹入明显，内侧有1个深棕色小三角形斑；后翅棕褐色，前缘色较浅，外缘色较暗。

习性：幼虫取食葡萄、乌蔹莓叶片及嫩枝。

早发白帝城

（唐） 李白

朝辞白帝彩云间，
千里江陵一日还。
两岸猿声啼不住，
轻舟已过万重山。

拼图游戏：

剪下藏在书中的24张局部图片（下图），
拼成一幅完整的图画吧！

饮湖上初晴后雨

（宋） 苏轼

水光潋滟晴方好，
山色空蒙雨亦奇。
欲把西湖比西子，
淡妆浓抹总相宜。

全蝽（若虫）

学名：*Homalogonia obtusa*（Walker，1868）

分类地位：半翅目蝽科

分布：中国大部。

形态特征：体宽椭圆形。灰白色，体腹面及足色淡，背面密布黑色刻点。触角黑色，末节基部黄褐色。腹部背面4、5节间和5、6节间各有1对红褐色隆起的臭腺；第3节背面也有1对较退化的臭腺。

习性：吸食大豆、玉米、栎、马尾松、油松、刺槐、胡枝子、苹果及其他蔷薇科植物的汁液。

蜀相

（唐） 杜甫

丞相祠堂何处寻？锦官城外柏森森。

映阶碧草自春色，隔叶黄鹂空好音。

三顾频烦天下计，两朝开济老臣心。

出师未捷身先死，长使英雄泪满襟。

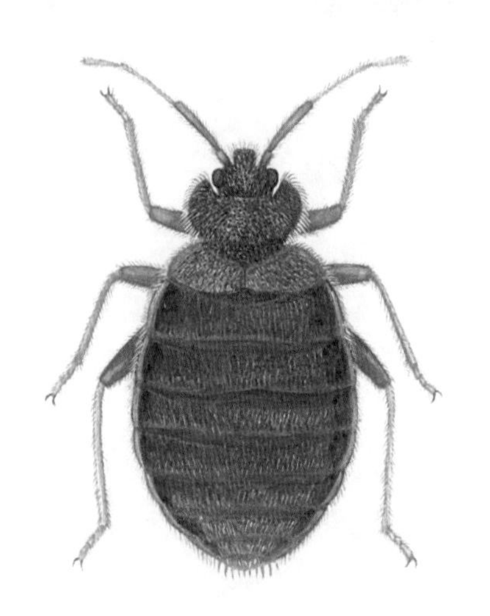

温带臭虫

学名：*Cimex lectularius* Linnaeus，1758

分类地位：半翅目臭虫科

分布：河南、福建，以及中国北部广布；主要分布在温带地区。

形态特征：成虫体红褐色，长5.4～5.6 mm，扁平，翅极度退化。触角4节，第1节短粗，第2节略细，第3、4节最细。喙短，隐藏于身体腹面，仅伸达前足基节。前胸背板被淡褐色半直立毛；前缘弧形凹入，侧缘弓形向外突出；前角伸达复眼后缘；侧角圆钝，后缘中部微向前凹入。腹部扁阔，布半直立毛，气门腹生。

习性：夜间活动，吸食人血，造成骚扰。白天隐藏在床板缝隙中。

十一月四日风雨大作二首（其二）

（宋） 陆游

僵卧孤村不自哀，
尚思为国戍轮台。
夜阑卧听风吹雨，
铁马冰河入梦来。

小豆长喙天蛾

学名：*Macroglossum stellatarum*（Linnaeus，1758）

分类地位：鳞翅目天蛾科

分布：西藏以外的中国大部；朝鲜、日本、东南亚、尼日利亚、欧洲。

形态特征：形似蜂鸟，翅展45～50 mm。头部尖，触角暗灰色，向端部逐渐膨大；头胸腹暗灰色，腹部中部两侧有灰白色斑；前翅暗褐色，中室有1个小黑点，中线黑色明显弯曲，外线不明显。后翅橙黄色，基部及外缘有暗色带。

习性：幼虫取食豆科植物叶片和嫩梢。成虫白天访花采蜜。

登岳阳楼

（唐） 杜甫

昔闻洞庭水，今上岳阳楼。
吴楚东南坼，乾坤日夜浮。
亲朋无一字，老病有孤舟。
戎马关山北，凭轩涕泗流。

云粉蝶

学名：*Pontia daplidice*（Linnaeus，1758）

分类地位：鳞翅目粉蝶科

分布：中国大部；俄罗斯、北非、西亚、中亚。

形态特征：翅展33～53 mm，前翅白色，前翅顶端有1个清晰的大斑纹，斑纹上有3～4个小白斑，且前翅正面有1个大的黑色中室斑。后翅斑纹几乎铺满整个后翅，灰黑褐色，斑纹在翅反面，翅正面如同有1层白纱，后翅斑上有许多白色斑。

习性：幼虫危害十字花科植物叶片及嫩梢。

湖心亭看雪

（明） 张岱

崇祯五年十二月，余住西湖。大雪三日，湖中人鸟声俱绝。是日更定矣，余拏一小舟，拥毳衣炉火，独往湖心亭看雪。雾凇沆砀，天与云与山与水，上下一白，湖上影子，惟长堤一痕、湖心亭一点、与余舟一芥、舟中人两三粒而已。

到亭上，有两人铺毡对坐，一童子烧酒炉正沸。见余大喜曰：“湖中焉得更有此人！”拉余同饮。余强饮三大白而别。问其姓氏，是金陵人，客此。及下船，舟子喃喃曰：“莫说相公痴，更有痴似相公者。”

双云尺蛾

学名：*Biston regalis*（Moore，1888）

分类地位：鳞翅目尺蛾科

分布：中国东北、华北、华南、西南；朝鲜、日本、俄罗斯、印度。

形态特征：前翅长27～39 mm。黄白色，有深褐色条纹和斑块。触角性二型显著，雄蛾双栉状，雌蛾线形。前翅前缘有碎斑，黑褐色；内线黑色，其内侧有1条较宽的深棕色斑，翅展开时与胸部后方深褐横带可以贯通；外线黑色，近前缘有断裂，其外侧有1个较宽的深棕色带斑，在近外缘也有相应的断裂。前翅外缘中部和臀角各有1块深褐斑。后翅外线黑色，后半外侧有棕色带斑。后翅外缘及后缘波状。

习性：华北地区灯下7—8月可见成虫。寄主有水杉等植物。

明日歌

（明） 钱福

明日复明日，

明日何其多。

我生待明日，

万事成蹉跎。

涂色游戏：

发挥你的想象，给美丽的翅膀涂上颜色吧！

鱼我所欲也（节选）

（战国） 孟子

鱼，我所欲也；熊掌，亦我所欲也。二者不可得兼，舍鱼而取熊掌者也。生，亦我所欲也；义，亦我所欲也。二者不可得兼，舍生而取义者也。生亦我所欲，所欲有甚于生者，故不为苟得也；死亦我所恶，所恶有甚于死者，故患有所不辟也。如使人之所欲莫甚于生，则凡可以得生者何不用也？使人之所恶莫甚于死者，则凡可以辟患者何不为也？由是则生而有不用也，由是则可以辟患而有不为也。是故所欲有甚于生者，所恶有甚于死者。非独贤者有是心也，人皆有之，贤者能勿丧耳。

拼图游戏：

剪下藏在书中的24张局部图片（下图），
拼成一幅完整的图画吧！

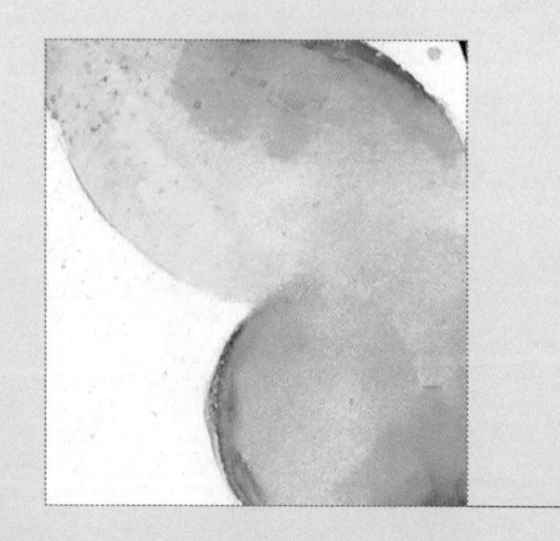

鱼我所欲也（节选）

（战国） 孟子

一箪食，一豆羹，得之则生，弗得则死。呼尔而与之，行道之人弗受；蹴尔而与之，乞人不屑也。万钟则不辩礼义而受之，万钟于我何加焉！为宫室之美、妻妾之奉、所识穷乏者得我与？乡为身死而不受，今为宫室之美为之；乡为身死而不受，今为妻妾之奉为之；乡为身死而不受，今为所识穷乏者得我而为之：是亦不可以已乎？此之谓失其本心。

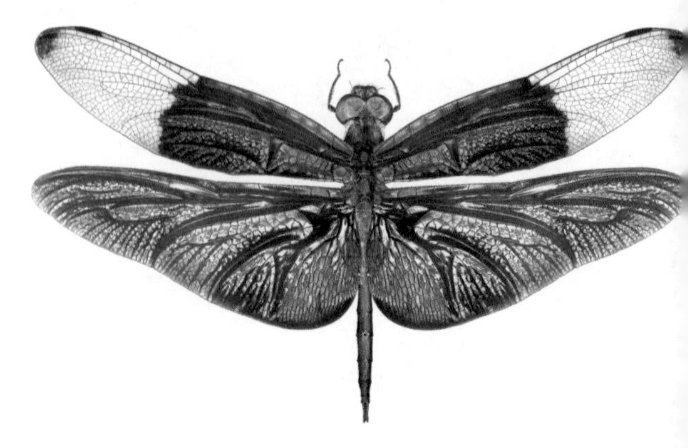

黑丽翅蜻

学名：*Rhyothemis fuliginosa* Selys，1883
分类地位：蜻蜓目蜻科
分布：中国华东和华南。

黑丽翅蜻的翅有什么特点?

黑丽翅蜻后翅绝大部分和前翅基部2/3都是黑色，翅的其他部分无色透明。黑丽翅蜻的翅很薄，当改变观察角度时，翅面有绚丽的色彩，呈现青色、绿色、橙色等。黑丽翅蜻的飞行特别缓慢，和其他蜻蜓差别很大，更像是一只蝴蝶在翩翩起舞。一般来说，翅色发青的是雄虫，发绿的是雌虫。这类蜻蜓都在较为宽阔的水域飞行，有强烈的领地意识，通过飞行时翅缓慢地上下拍动，可以较远距离判断同类性别。如果是异性，可以是配对的对象，不会发动攻击行为。如果是同性，黑丽翅蜻会迅速发动攻击，以确保自己的领地不受侵犯。

赋得古原草送别

（唐） 白居易

离离原上草，一岁一枯荣。
野火烧不尽，春风吹又生。
远芳侵古道，晴翠接荒城。
又送王孙去，萋萋满别情。

紫光盾天蛾

学名：*Phyllosphingia dissimilis*（Bremer，1861）

分类地位：鳞翅目天蛾科

分布：西北及西藏以外的中国大部；日本、印度。

形态特征：翅展约110 mm；头胸部背线棕黑色，腹部背线紫黑色，两者之间在后胸的背线模糊不清。翅棕褐色，前翅基部色稍暗，前缘中央有较大紫色盾形斑一块，盾斑后缘周围色显著加深；外缘色较深，为显著的波浪形；后翅有3条深色波浪状横带，外缘紫灰色，波折状。

习性：幼虫取食核桃等植物叶片及嫩枝。

将进酒（节选）

（唐） 李白

君不见黄河之水天上来，奔流到海不复回。

君不见高堂明镜悲白发，朝如青丝暮成雪。

人生得意须尽欢，莫使金樽空对月。

天生我材必有用，千金散尽还复来。

烹羊宰牛且为乐，会须一饮三百杯。

岑夫子，丹丘生，将进酒，杯莫停。

艳双点螟

学名：*Orybina regalis*（Leech，1889）

分类地位：鳞翅目螟蛾科

分布：华北以南中国大部；朝鲜、日本。

形态特征：翅展24～27 mm，红褐色。喙黄白色。下唇须内侧白色，外侧暗红色，第3节略下弯，喙状。触角深红色。领片灰褐色；胸部腹面白色。前翅中室端部有1个金黄色椭圆形斑，黑色镶边，外侧有齿，不平滑。外横线锯齿状，暗红褐色。后翅砖红色，前缘略带白色。腹部腹面白色。

习性：生物学基础研究薄弱。

将进酒（节选）

（唐） 李白

与君歌一曲，请君为我倾耳听。

钟鼓馔玉不足贵，但愿长醉不愿醒。

古来圣贤皆寂寞，惟有饮者留其名。

陈王昔时宴平乐，斗酒十千恣欢谑。

主人何为言少钱，径须沽取对君酌。

五花马、千金裘，呼儿将出换美酒，与尔同销万古愁。

重眉线蛱蝶

学名：*Limenitis amphyssa* Ménétriès，1859

分类地位：鳞翅目蛱蝶科

分布：中国黑龙江、河南、辽宁、陕西等地。

形态特征：中型，深褐色。前后翅外缘波折状，中带各具1列白色斑块，展开时相互贯连，其中前翅中带弧形外凸；前后翅的缘线和亚缘线淡灰褐色，平行成2列，斑块较中带的明显狭窄。前翅外横线有3个小斑，在前缘1/3位置与亚缘线连接。前翅中室有1个纵条斑，内侧1/3弯向前缘；中室基部有1个小白斑，略呈窄三角形。

习性：成虫喜吸食花粉、花蜜、植物汁液。

河中石兽（节选）

（清） 纪昀

沧州南，一寺临河干，山门圮于河，二石兽并沉焉。阅十余岁，僧募金重修，求石兽于水中，竟不可得。以为顺流下矣。棹数小舟，曳铁钯，寻十余里，无迹。

一讲学家设帐寺中，闻之笑曰："尔辈不能究物理，是非木柿，岂能为暴涨携之去？乃石性坚重，沙性松浮，湮于沙上，渐沉渐深耳。沿河求之，不亦颠乎？"众服为确论。

白点暗野螟

学名：*Bradina atopalis*（Walker，1858）

分类地位：鳞翅目草螟科

分布：中国华北以南；日本。

形态特征：翅展19～24 mm。额褐色，触角黄色，背面有黑褐色环。下唇须白色，端部及背面褐色，末节淡黄色。下颚须褐色。领片、翅基片、胸腹背面褐色，腹部各节后缘黄白色。前后翅淡褐色，前翅前缘略深色，前翅前中线、后中线、外缘线、中室圆斑、中室端斑暗褐色。中室端斑新月形；前中线向外弯曲，后中线位于翅基3/4处，与外缘近平行。后翅后中线、外缘线、中室端斑黑褐色；中室端斑新月形，后中线略外弯。前后翅缘毛基部褐色，端部白色。

习性：生物学基础研究薄弱。

河中石兽（节选）

（清） 纪昀

一老河兵闻之，又笑曰："凡河中失石，当求之于上流。盖石性坚重，沙性松浮，水不能冲石，其反激之力，必于石下迎水处啮沙为坎穴，渐激渐深，至石之半，石必倒掷坎穴中。如是再啮，石又再转。转转不已，遂反溯流逆上矣。求之下流，固颠；求之地中，不更颠乎？"如其言，果得于数里外。然则天下之事，但知其一，不知其二者多矣，可据理臆断欤?

玉斑凤蝶

学名：*Papilio helenus* Linnaeus，1758

分类地位：鳞翅目凤蝶科

分布：中国华北以南地区；朝鲜、日本、东南亚。

形态特征：成虫翅展95～107 mm。体、翅皆黑色。前翅无斑纹，外半部颜色稍浅。后翅中部有3个紧靠在一起的白色或黄白色斑，近前缘的斑最小，半月形；外缘有新月形红色斑。臀角处有2个红色斑。

习性：以蛹越冬，云南1年发生4～5代。幼虫以柑橘、花椒等植物为食。雄成虫喜群集在山路湿地或河滩水洼边。

木兰诗（节选）

北朝民歌

唧唧复唧唧，木兰当户织。不闻机杼声，唯闻女叹息。

问女何所思，问女何所忆。女亦无所思，女亦无所忆。昨夜见军帖，可汗大点兵，军书十二卷，卷卷有爷名。阿爷无大儿，木兰无长兄，愿为市鞍马，从此替爷征。

拼图游戏：

剪下藏在书中的24张局部图片（下图），
拼成一幅完整的图画吧！

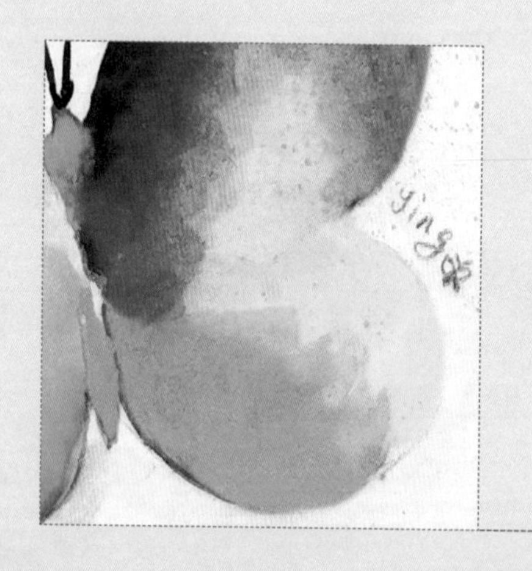

木兰诗（节选）

北朝民歌

东市买骏马，西市买鞍鞯，南市买辔头，北市买长鞭。旦辞爷娘去，暮宿黄河边，不闻爷娘唤女声，但闻黄河流水鸣溅溅。旦辞黄河去，暮至黑山头，不闻爷娘唤女声，但闻燕山胡骑鸣啾啾。

万里赴戎机，关山度若飞。朔气传金柝，寒光照铁衣。将军百战死，壮士十年归。

归来见天子，天子坐明堂。策勋十二转，赏赐百千强。可汗问所欲，木兰不用尚书郎，愿驰千里足，送儿还故乡。

桃蛀螟

学名：*Conogethes punctiferalis*（Guenée，1854）

分类地位：鳞翅目草螟科

分布：华北以南中国大部；朝鲜、日本、东南亚。

形态特征：翅展20～29 mm，黄色。下唇须黄色，第1～2节背面黑色。胸部及前翅散布许多黑色点状斑。腹末黑色。

习性：幼虫有吐丝缀叶习性，以幼虫做土茧越冬。寄主有桃、梨、李、樱桃、向日葵、玉米、蓖麻等。

木兰诗（节选）

北朝民歌

爷娘闻女来，出郭相扶将；阿姊闻妹来，当户理红妆；小弟闻姊来，磨刀霍霍向猪羊。开我东阁门，坐我西阁床。脱我战时袍，著我旧时裳。当窗理云鬓，对镜帖花黄。出门看火伴，火伴皆惊忙：同行十二年，不知木兰是女郎。

雄兔脚扑朔，雌兔眼迷离；双兔傍地走，安能辨我是雄雌？

洋槐天蛾

学名：*Clanis deucalion*（Walker，1856）

分类地位：鳞翅目天蛾科

分布：除西藏外的中国华北以南地区；印度。

形态特征：翅展130~140 mm。头部黄褐色，下唇须弯曲，内侧鳞毛黄色，外侧鳞毛黄褐色，其上点缀粉红色鳞毛，端部尖；体翅棕褐色；头部及胸部有棕黑色背线；腹部棕褐色，两侧色稍淡；前翅深褐色，内线1条、中线2条、外线2条均为深褐色波纹状，顶角内上方有深褐色近三角形斑；后翅前缘黄色，中部区域棕黑色。

习性：幼虫取食大豆、刺槐、藤萝等植物叶片及嫩枝。

送东阳马生序（节选）

（明） 宋濂

余幼时即嗜学。家贫，无从致书以观，每假借于藏书之家，手自笔录，计日以还。天大寒，砚冰坚，手指不可屈伸，弗之怠。录毕，走送之，不敢稍逾约。以是人多以书假余，余因得遍观群书。既加冠，益慕圣贤之道。又患无硕师名人与游，尝趋百里外，从乡之先达执经叩问。

金齐夜蛾

学名：*Zekelita plusioides*（Butler，1879）

分类地位：鳞翅目夜蛾科

分布：中国河南、云南；朝鲜、日本。

形态特征：翅展约21 mm。下唇须粗大、前伸，末节显著变细，上翘；头、胸部灰白色。前翅灰白色，散布褐色、橙色点斑；顶角至后缘中部有显著暗褐色双线，夹杂白色，该双线端方总体色调暗褐，其基侧浅褐色，近后缘部分甚至呈灰白色；中域有1个边界模糊的黑褐斑，前缘外侧有3～4个黄白色斑点。后翅深灰色。

习性：幼虫取食角苔、地衣等低等植物。

送东阳马生序（节选）

（明） 宋濂

当余之从师也，负箧曳屣行深山巨谷中。穷冬烈风，大雪深数尺，足肤皲裂而不知。至舍，四支僵劲不能动，媵人持汤沃灌，以衾拥覆，久而乃和。寓逆旅，主人日再食，无鲜肥滋味之享。同舍生皆被绮绣，戴朱缨宝饰之帽，腰白玉之环，左佩刀，右备容臭，烨然若神人；余则缊袍敝衣处其间，略无慕艳意，以中有足乐者，不知口体之奉不若人也。

辉县黄褐筒喙象

学名：*Lixus* sp.

分类地位：鞘翅目象甲科

分布：中国河南。

形态特征：体长8～12 mm。前胸背板、鞘翅、各足被黄褐色细毛或粉末。喙黑色，圆筒形，触角沟位于喙的中前方；索节头2节长于其他节；复眼长椭圆形；前胸两侧前缘的纤毛位于下面。鞘翅细长。

习性：幼虫多蛀食植物肉质茎部。

送东阳马生序（节选）

（明） 宋濂

今诸生学于太学，县官日有廪稍之供，父母岁有裘葛之遗，无冻馁之患矣；坐大厦之下而诵诗书，无奔走之劳矣；有司业、博士为之师，未有问而不告，求而不得者也；凡所宜有之书，皆集于此，不必若余之手录，假诸人而后见也。其业有不精、德有不成者，非天质之卑，则心不若余之专耳，岂他人之过哉？

小菜蛾

学名：*Plutella xylostella* Linnaeus，1758

分类地位：鳞翅目菜蛾科

分布：中国广泛分布。

形态特征：成虫体长6～7 mm，翅展12～15 mm，为灰褐色小型蛾子；停栖时两翅覆盖于体背呈屋脊状，接合处形成3个连串的斜方块。

习性：主要危害甘蓝、花椰菜、大白菜、萝卜等，是十字花科蔬菜的重要害虫。

送东阳马生序（节选）

（明） 宋濂

东阳马生君则，在太学已二年，流辈甚称其贤。余朝京师，生以乡人子谒余，撰长书以为贽，辞甚畅达。与之论辨，言和而色夷。自谓少时用心于学甚劳，是可谓善学者矣。其将归见其亲也，余故道为学之难以告之。

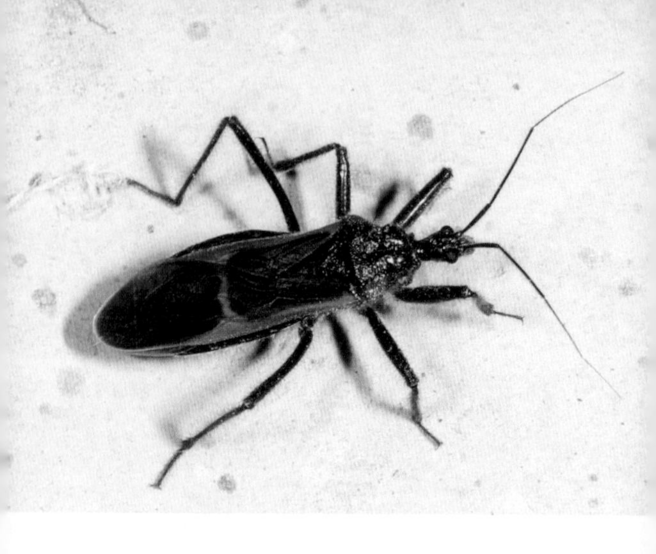

太行红背猎蝽（新种）

学名：*Reduvius taihangensis* Cui et Li，2022，sp. nov.

分类地位：半翅目猎蝽科

分布：中国河南。

形态特征：成虫体长17～19 mm；黑色，前胸背板后叶两侧暗橘红色。头宽短。单眼红色，位于横缢后方，距离宽，大于单眼与邻近复眼的距离。小盾片中央凹下，有“V”形脊。前翅前缘有暗橘红色条带，与膜片基部1/3位置同色条带几乎成直角连接。足黑色。

习性：捕食其他小型节肢动物。

备注：正模1雄，副模2雄，4雌，2013-VII-15～25，河南辉县，崔建新采。模式标本存于河南科技学院昆虫标本馆。

曹刿论战（节选）

（春秋） 左丘明

十年春，齐师伐我。公将战，曹刿请见。其乡人曰：“肉食者谋之，又何间焉？”刿曰：“肉食者鄙，未能远谋。”乃入见。问：“何以战？”公曰：“衣食所安，弗敢专也，必以分人。”对曰：“小惠未遍，民弗从也。”公曰：“牺牲玉帛，弗敢加也，必以信。”对曰：“小信未孚，神弗福也。”公曰：“小大之狱，虽不能察，必以情。”对曰：“忠之属也。可以一战。战则请从。”

拼图游戏：

剪下藏在书中的24张局部图片（下图），
拼成一幅完整的图画吧！

曹刿论战（节选）

（春秋） 左丘明

公与之乘，战于长勺。公将鼓之。刿曰：“未可。”齐人三鼓。刿曰：“可矣。”齐师败绩。公将驰之。刿曰：“未可。”下视其辙，登轼而望之，曰：“可矣。”遂逐齐师。

既克，公问其故。对曰：“夫战，勇气也。一鼓作气，再而衰，三而竭。彼竭我盈，故克之。夫大国，难测也，惧有伏焉。吾视其辙乱，望其旗靡，故逐之。”

黑脊萤叶甲

学名：*Galeruca nigrolineata* Mannerheim，1825

分类地位：鞘翅目叶甲科

分布：中国东北、内蒙古、新疆、华北；蒙古、中亚。

形态特征：成虫体长9～11 mm。体长椭圆形。头、触角、前胸背板、小盾片、腹面及足、中缝以及鞘翅的脊黑褐色至黑色，唇基及鞘翅褐色至暗褐色；鞘翅上均有4条发达的脊。

习性：成虫、幼虫取食蒿叶片及嫩枝。

垓下歌

（秦末） 项羽

力拔山兮气盖世。

时不利兮骓不逝。

骓不逝兮可奈何！

虞兮虞兮奈若何！

涂色游戏：

发挥你的想象，给美丽的翅膀涂上颜色吧！

陈情表（节选）

（晋） 李密

臣密言：臣以险衅，夙遭闵凶。生孩六月，慈父见背；行年四岁，舅夺母志。祖母刘愍臣孤弱，躬亲抚养。臣少多疾病，九岁不行，零丁孤苦，至于成立。既无伯叔，终鲜兄弟，门衰祚薄，晚有儿息。外无期功强近之亲，内无应门五尺之僮，茕茕孑立，形影相吊。而刘夙婴疾病，常在床蓐，臣侍汤药，未曾废离。

红窗萤

学名：*Pyrocoelia rufa*（Oliverier，1886）

分类地位：鞘翅目萤科

分布：中国河南、浙江；朝鲜。

形态特征：成虫体长16～18 mm。鞘翅黑色，前胸背板完全遮盖头部，大部黄棕色，中域及后方红褐色，前缘中部两侧各有1透明斑，可看到黑色的头部；前缘弧形前凸，侧缘弧形略上翘，后缘微凹，后角圆钝，后半中脊明显。触角黑色，长度超过体长之半。小盾片黄棕色。各足黑色。鞘翅较平，密布细刻点，前缘弧形，肩角和后角圆形。

习性：丘陵山区灌丛生活，成虫腹末有发光器。成虫、幼虫均有捕食性。

陈情表（节选）

（晋） 李密

逮奉圣朝，沐浴清化。前太守臣逵察臣孝廉，后刺史臣荣举臣秀才。臣以供养无主，辞不赴命。诏书特下，拜臣郎中，寻蒙国恩，除臣洗马。猥以微贱，当侍东宫，非臣陨首所能上报。臣具以表闻，辞不就职。诏书切峻，责臣逋慢；郡县逼迫，催臣上道；州司临门，急于星火。臣欲奉诏奔驰，则刘病日笃；欲苟顺私情，则告诉不许：臣之进退，实为狼狈。

折带黄毒蛾（幼虫）

学名：*Euproctis flava*（Bremer，1861）

分类地位：鳞翅目毒蛾科

分布：中国华北、西北、东北、华中、华南、西南等地区。

形态特征：幼虫体长30～40 mm；头黑褐色；体黄褐色；背线较细，橙黄色；第1、2、8腹节背面有黑色大瘤；瘤上生黄褐色或浅黑褐色长毛。成虫翅展25～35 mm；头、胸和腹部浅橙黄色；前翅黄色，后翅黄色。

习性：以低龄幼虫越冬。寄主包括苹果、梨、桃、李、梅、刺槐、茶、柏、松等多种树木。

陈情表（节选）

（晋） 李密

伏惟圣朝以孝治天下，凡在故老，犹蒙矜育，况臣孤苦，特为尤甚。且臣少仕伪朝，历职郎署，本图宦达，不矜名节。今臣亡国贱俘，至微至陋，过蒙拔擢，宠命优渥，岂敢盘桓，有所希冀。但以刘日薄西山，气息奄奄，人命危浅，朝不虑夕。臣无祖母，无以至今日；祖母无臣，无以终余年。母、孙二人，更相为命，是以区区不能废远。

北方锯角萤

学名：*Lucidina biplagiata*（Motschulsky，1866）

分类地位：鞘翅目萤科

分布：中国华北；东亚。

形态特征：成虫体长约10 mm。体狭长，黑色，前胸背板两侧后角各有1个红色大斑。触角锯齿状，约与前翅等长。头前部少许露出，黑色。前胸略呈三角形，侧缘略凹，前方圆钝，狭窄，后角最宽，侧缘中部折弯，周缘黑色，具框。小盾片黑色。鞘翅狭长，肩角和后角圆形，翅面较平，亚前缘略凹。

习性：在丘陵山区灌丛中生活，成虫腹末有发光器。成虫、幼虫均有捕食性。

陈情表（节选）

（晋）李密

臣密今年四十有四，祖母今年九十有六，是臣尽节于陛下之日长，报养刘之日短也。乌鸟私情，愿乞终养。臣之辛苦，非独蜀之人士及二州牧伯所见明知，皇天后土实所共鉴。愿陛下矜愍愚诚，听臣微志。庶刘侥幸，保卒余年。臣生当陨首，死当结草。臣不胜犬马怖惧之情，谨拜表以闻。

槐羽舟蛾

学名：*Pterostoma sinicum*（Moore，1877）

分类地位：鳞翅目舟蛾科

分布：中国华北、华中、华东、西南；日本、朝鲜、俄罗斯。

形态特征：雄蛾21~27 mm，雌蛾27~32 mm。头和胸部稻黄带褐色，颈板前、后缘褐色。腹部背面暗灰褐色，末端黄褐色；腹面淡灰黄色，中央有4条暗褐色纵线。前翅稻黄褐色。后翅黑褐色。

习性：华北地区1年发生2~3代。幼虫取食槐、紫藤等。

山坡羊·骊山怀古

（元） 张养浩

骊山四顾，阿房一炬，当时奢侈今何处？只见草萧疏，水萦纡。至今遗恨迷烟树。列国周齐秦汉楚，赢，都变做了土；输，都变做了土。

拼图游戏：

剪下藏在书中的24张局部图片（下图），

拼成一幅完整的图画吧！

书斋漫兴二首（其二）

（唐） 翁承赞

官事归来衣雪埋，
儿童灯火小茅斋。
人家不必论贫富，
惟有读书声最佳。

辉蝽

学名：*Carbula humerigera*（Uhler，1860）

分类地位：半翅目蝽科

分布：中国华北、华东、华中、华南、西南。

形态特征：体长8.6～9 mm。黄褐至紫褐色，刻点暗棕褐色，略具紫铜光泽。小盾片黑色，基缘有3个横列小黄白斑。前翅膜片淡黄色、透明。侧接缘黑色，各节外缘具新月形淡色边。

习性：不完全变态。1年1～2代，取食植物的幼嫩部位和花、果、穗。

就义诗

（明） 杨继盛

浩气还太虚，
丹心照千古。
生平未报国，
留作忠魂补。

黄星天牛

学名：*Psacothea hilaris*（Pascoe，1857）

分类地位：鞘翅目天牛科

分布：中国华北以南中国大部；东亚、越南。

形态特征：成虫体长15～23 mm，黑褐色，密生灰绿色短毛，有黄点纹。头顶有1条黄色纵带，触角较长，性二型显著，雄虫触角为体长的2.5倍，雌虫触角为2倍。鞘翅上有黄斑点十几个。胸腹两侧也有纵向黄纹，各节腹面有黄斑2个。

习性：成虫出现于春季和夏季。成虫夜晚具趋光性。幼虫蛀干危害，危害多种林木，主要有桑、无花果、油桐、胡桃、杨、松、杉、枫杨等。